博碩文化

博碩文化

專碩文化

從零開始
OCS Inventory

打造資訊資產管理×資安CVE漏洞通報

鄭介勛（Ivan Cheng）著

提升資訊資產的管理與安全

打造專屬於你的資安弱點通報機制

從零開始入門	設備組態管理	軟體弱點掃描	遠端部屬軟體
搭配實際操作畫面	支援多樣作業系統	整合威脅情資蒐集	代理程式自動派送
漸進式學習無負擔	隨時取得最新組態	自動掃描軟體弱點	強化企業維運效率

2023 iThome鐵人賽 佳作

iThome
鐵人賽

作　　者：鄭介勛（Ivan Cheng）
責任編輯：黃俊傑

董 事 長：曾梓翔
總 編 輯：陳錦輝

出　　版：博碩文化股份有限公司
地　　址：221 新北市汐止區新台五路一段 112 號 10 樓 A 棟
　　　　　電話 (02) 2696-2869　傳真 (02) 2696-2867

發　　行：博碩文化股份有限公司
郵撥帳號：17484299　戶名：博碩文化股份有限公司
博碩網站：http://www.drmaster.com.tw
讀者服務信箱：dr26962869@gmail.com
訂購服務專線：(02) 2696-2869 分機 238、519
（週一至週五 09:30 ～ 12:00；13:30 ～ 17:00）

版　　次：2024 年 8 月初版一刷

建議零售價：新台幣 650 元
I S B N：978-626-333-928-6
律師顧問：鳴權法律事務所 陳曉鳴律師

本書如有破損或裝訂錯誤，請寄回本公司更換

國家圖書館出版品預行編目資料

從零開始 OCS Inventory：打造資訊資產管
理 x 資安 CVE 漏洞通報 / 鄭介勛 (Ivan
Cheng) 作 . -- 初版 . -- 新北市：博碩文化
股份有限公司，2024.08
　　面；　公分 . -- (iThome鐵人賽系列書)

ISBN 978-626-333-928-6(平裝)

1.CST: 資產管理 2.CST: 資訊安全 3.CST: 資
訊管理系統

312.74　　　　　　　　　　　113010582

Printed in Taiwan

博 碩 粉 絲 團

歡迎團體訂購，另有優惠，請洽服務專線
(02) 2696-2869 分機 238、519

在廣大的企業環境中，IT 資產盤點永遠是難以被滿足的需求之一，除了功能滿足之外，還有經費不足等等各種內部問題。好在 Ivan 願意把他在 OCS Inventory 上的寶貴應用經驗分享成書，讓我們多出強大武器應對各種 IT 環境的難題，包含看板設計與安裝派送教學，甚至連整合 CVE 達成 VANS 的資安整合應用都做到了，簡直是 IT 單位必備良藥！

鄭郁霖 Jason Cheng

節省工具箱有限公司 技術總監
中華民國軟體自由協會 常務理事

序言
PREFACE

隨著 ISO 27001：2022 改版增加了「組態管理」和「威脅情報」等控制措施，過去不被重視的「組態管理」議題再度浮上檯面。我們也發現，許多商用的解決方案與端點防護軟體開始將這些措施整合到其功能之中。商用的解決方案除了成本高昂之外，其提供的模組功能往往與企業其他系統功能重疊，導致企業為了某些特定功能不得不引入整套解決方案，進而陷入窘境。

這本書主要介紹我們如何透過開源的軟體的協助，自動化進行組態管理與威脅情資的蒐集，打造屬於自己的資安弱點通報系統。透過漏洞修補與版本更新，降低設備因弱點被入侵的風險，實踐資訊安全的資產盤點與風險評估。同時，我們能更清楚地了解企業在導入過程中可能會面臨的挑戰，這些能力的培養也有助於將來篩選商用解決方案的依據。

最後，我想向博碩文化的夥伴們致以誠摯的謝意，感謝您們一如既往地支持本土創作，展現出極大的信心與投入，使這本書得以順利完成與出版。同時，我也鼓勵讀者們積極參與 iThome 鐵人賽，充分發揮才華，分享研究成果。也希望大家都能夠勇於挑戰自己，提升自己的技術水平。

這本書可以學到哪些知識

- 盤點伺服器與使用者設備的硬體規格及安裝了哪些軟體

- 取得最新的 CVE 漏洞資料庫與現行已安裝的軟體進行比對

- 透過 Grafana 客製化自己的 CVE Reporting

- 透過 Zabbix 監控 CVE 的數量並即時告警

- 封裝與透過 GPO 軟體派送大量部署代理程式

- 將已部署的代理程式進行版本升級或降級

- 使用代理程式遠端部署或移除相關應用程式

- 使用代理程式遠端執行 PowerShell 與 Windows 執行檔

- 使用代理程式遠端部署檔案或資料夾

- 安裝外掛程式來取得 Office 授權金鑰確認是否有人私自使用盜版的金鑰

- 使用 IP Discovery 來檢索所有的連網設備與生成企業網絡地圖

- 使用 SNMP Scan 來增強 IP Discovery 獲得更多的識別資訊

這本書適合我嗎？

本書的目標讀者是需要實施、配置和使用 IT 庫存和資產管理解決方案的系統管理員和 IT 專業人員。不要求您具備任何庫存管理方面的知識，只需充分掌握 Linux 作業系統以及必要的網頁和資料庫伺服器的基礎知識即可上手。

目錄
CONTENTS

CHAPTER **2** **外掛程式**

CHAPTER **3** **弱點掃描 CVE Inventory**

CHAPTER 4 大量部署

CHAPTER 5 遠端部署功能

CHAPTER 6 其它代理程式

CHAPTER **7**　進階功能設定

系統安裝

CHAPTER

1

1.1 ▶ OCS Inventory 簡介

Open Computer and Software Inventory Next Generation 或稱 OCS Inventory NG 是一套開源軟體讓使用者可以自動化盤點其 IT 資產，並透過網頁介面進行視覺化的呈現。透過安裝 OCS Inventory Agent 不但可以收集設備的軟體與硬體資訊，同時也擁有根據搜尋條件來進行部署應用程式的能力，Agent 透過 IpDiscover 與 SNMP 掃描可以識別整個網路的電腦與設備。

圖 1-1　OCS Inventory 系統畫面

與其說 OCS Inventory 是一套資產管理系統，我認為比較好的形容是一套協助達到自動化盤點的軟體或工具。我們還會搭配 GLPI 或者 iTop 這類型的 ITSM 軟體才能夠真的達到資產管理系統該有的功能，例如資訊資產異動申請、資產異動送簽流程又或者設備與員工的關聯等等。

筆者心得

至於要選擇搭配 GLPI 或者 iTop 我們有一個簡單的判斷標準，如果您只有一間公司需經營且不需要客製化表單，那麼建議您選擇 GLPI 即可。若是擁有不同的組織與公司或者本身就是資訊服務提供商，則可以考慮 iTop 來進行資訊服務管理。

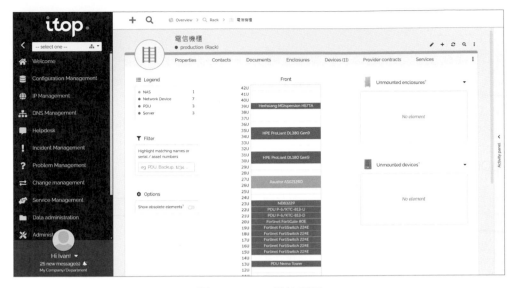

圖 1-2　iTop 系統畫面

我目前使用 iTop 來打造組態管理資料庫與資訊服務管理，不管您將來選擇哪一套 ITSM 進行配置，透過 OCS Inventory 來自動化管理設備可以說是必備的基礎能力。

» OCS Inventory 工作原理

OCS Server 接收 Agent 以 XML 格式發送的清單，並將數據存儲在 MySQL 資料庫中。主要由 Agent 透過 HTTP 或 HTTPS 主動聯繫 Server，過程中 Server 僅在進行傾聽。此外，軟體部署和 SNMP 掃描僅在 HTTPS 中進行。

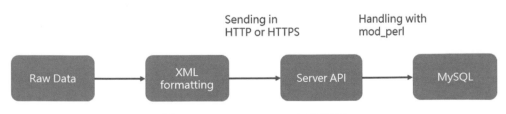

圖 1-3　OCS Inventory 工作原理

>> OCS Inventory 系統架構

整個 OCS Server 主要由四個元件組成：

- 資料庫伺服器：負責儲存資產的相關訊息

- 通訊伺服器：負責處理資料庫與代理程式之間的 HTTP 與 HTTPS 通訊

- 管理控制台：允許管理員使用他們偏好的瀏覽器查詢資料庫伺服器

- 部署伺服器：負責儲存所有的套件部署組態

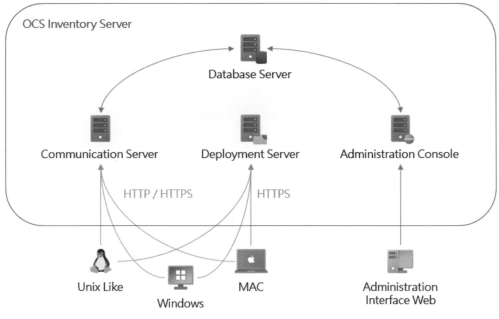

圖 1-4　OCS Inventory 系統架構

有鑑於 OCS Inventory 的中文教材實在不多，通常只有簡單的系統與代理程式安裝介紹。今年因為工作上的關係，終於有時間可以好好把玩 OCS Inventory，我們會把官方網站的內容有系統性地介紹給大家。

|參|考|資|料|

1. https://wiki.ocsinventory-ng.org/03.Basic-documentation/Setting-up-a-OCS-Inventory-Server

2. https://icons8.com/

1.2 ▶ 如何在 Ubuntu 20.04 安裝 OCS Inventory 資產管理系統

簡單地介紹了 OCS Inventory 的基本功能、工作原理以及元件的架構之後，接著就開始教大家如何在 Ubuntu 20.04 安裝 OCS Inventory 資產管理系統吧。

下載 OCS Inventory

https://pse.is/62qmnj

官方提供的資訊 OCS Inventory 伺服器只支援 Linux 作業系統，根據伺服器相容性的建議，我們選擇 Ubuntu 20.04 進行安裝。

Download Links 點選「OCS Inventory Unix/Linux Server」。

圖 1-5　OCS Inventory 官網下載

由於當時的 Compatibility Matrix 文件尚未更新，所以才選擇 Ubuntu 20.04 進行安裝。最新釋出的文件已說明 Ubuntu 22.04 也是相容的，大家可以放心使用。

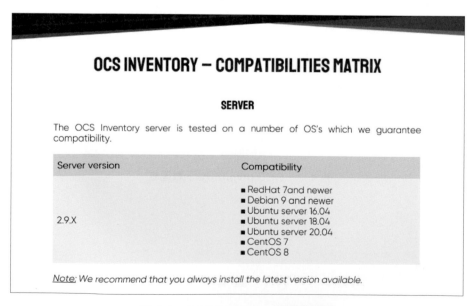

圖 1-6　OCS Inventory 相容性矩陣

> **筆者心得**
>
> 確認您的系統環境是否符合 Compatibility Matrix 相容性矩陣是相當重要的。可以確保所選用的組件和軟體版本是經過測試和驗證的，這能顯著減少系統崩潰、性能問題和其他不可預見的故障，從而提升整個系統的穩定性。
>
> 尤其是在您有維護過 MES、ERP 或 PLM 等大型核心業務系統，每當出現問題需要原廠的技術支援時，對方第一個檢查的一定是您的環境是否與官方提供的 Compatibility Matrix 相符。倘若不符則會拒絕該 Ticket 直到您將環境升級到正確的版本，才會繼續處理您的問題喔。
>
> 所以安裝任何系統之前養成查看 Compatibility Matrix 的好習慣，保證您可以少走許多冤枉路。

填寫電子郵件送出後，應該就會收到所有的下載連結如下。

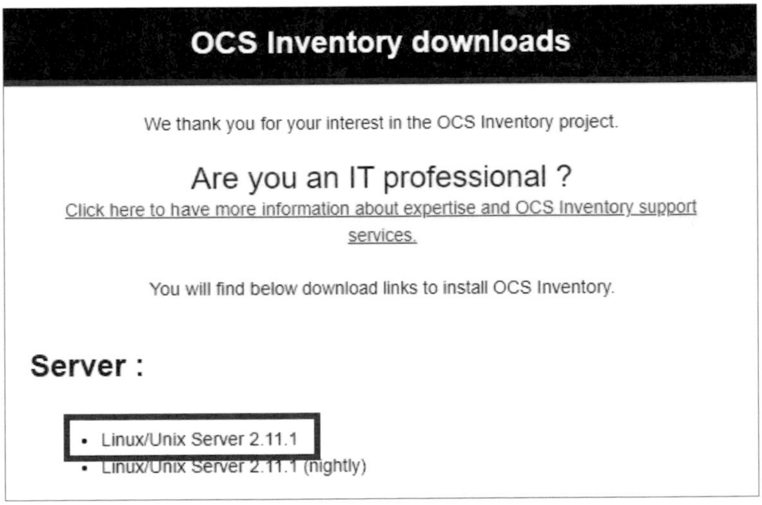

圖 1-7　OCS Inventory 下載連結

≫ 硬體需求

若需要管理超過萬台以上的設備，則建議運行三台 Linux 伺服器分別安裝元件如下：

- 一台用於 MySQL 資料庫和通訊伺服器

- 一台用於管理控制台和 MySQL 副本資料庫

- 一台用於部署伺服器

每台的硬體規格皆為單顆 2.8 GHz 的 CPU 與 4 GB 的記憶體，關於官方所提供的伺服器硬體調教，請參考下列連結。

 Management Server Tuning
https://pse.is/62qq33

≫ 虛擬機器建立

由於我們需要納管的設備不多，將採取 All-in-One 的安裝方式。Azure 虛擬機器的 Image 請選擇「Ubuntu Server 20.04 LTS – x64 Gen2」，規格請選擇「Standard B2s」應該就足以應付，每月的 Azure 費用大約台幣 1,300 元。

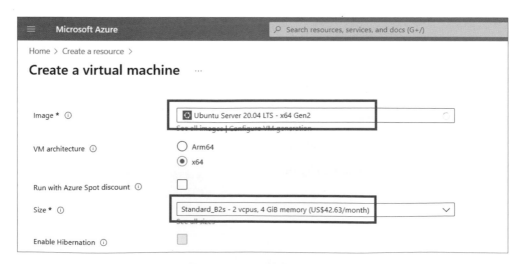

圖 1-8　Azure 建立虛擬機器

我們還可以在 Azure 透過設定自動開關機來節省費用,例如資產盤點系統只需要在上班的時間運行,可以參考下面的文章進行設定。

如何設定 Azure 虛擬機器自動開關機
https://pse.is/62qrlu

>> 設定虛擬機器時區

```
sudo timedatectl set-timezone Asia/Taipei
```

更新系統的軟體包清單並將現有軟體包升級到最新版本

```
sudo apt update
sudo apt upgrade -y
```

>> 安裝資料庫伺服器

OCS Inventory 需要一個資料庫來存儲庫存的資訊,目前支援 MySQL 5.4 或 MariaDB 4.1.0 或更高版本並啟用 InnoDB 引擎。官方強烈推薦使用 MariaDB 且表明不支援高於 MySQL 5.5 的版本。

Deploying Database Server
https://pse.is/62qs6k

透過下列指令進行安裝並啟用服務

```
sudo apt install mariadb-server mariadb-common mariadb-client
sudo systemctl enable mariadb
sudo systemctl start mariadb
```

啟動 MariaDB

```
sudo mysql -u root
```

如果你沒有為 root 設置密碼，你可以透過以下命令設置它。

```
SET PASSWORD FOR 'root'@'localhost' = PASSWORD('your_root_password');
```

在 All-in-One 伺服器中配置資料庫伺服器，管理伺服器和通訊伺服器將使用此用戶連接到資料庫。

```
CREATE DATABASE ocsweb;
CREATE USER 'ocs'@'%' IDENTIFIED BY 'your_ocs_password';
GRANT ALL PRIVILEGES ON ocsweb.* TO 'ocs'@'%' WITH GRANT OPTION;
FLUSH PRIVILEGES;
```

確認 MariaDB 是否啟用 InnoDB 引擎，檢查組態設定沒有 skip-innodb 或者已經被註解掉。

```
sudo cat /etc/mysql/mariadb.conf.d/50-server.cnf | grep skip-innodb
```

» 使用 Source 安裝 OCS Inventory

想要使用 Source 安裝 OCS Inventory 並不容易，主要是官方的安裝文件在 Prerequisites 僅透過文字描述列表沒有提供實際安裝的指令，新手不是忽略就是沒有安裝所需要的函式庫。

Libraries and Modules Versions
https://pse.is/62qsfz

» 安裝通訊伺服器

通訊伺服器需要 Apache 網頁伺服器與 Perl 5 腳本語言以及一些額外的 Perl 5 模組，它負責處理 OCS Inventory Agent 對虛擬目錄 /ocsinventory 的 HTTP 請求。

```
sudo apt install apache2
sudo apt install mariadb-client
```

透過下列指令安裝所需的模組

```
sudo apt install libxml-simple-perl libdbi-perl libdbd-mysql-perl
libapache-dbi-perl libnet-ip-perl libsoap-lite-perl libarchive-zip-perl
make build-essential
sudo cpan install XML::Entities
```

» 安裝管理控制台伺服器

管理控制台伺服器需要 Apache 網頁伺服器和 PHP 7 腳本語言以及一些額外的 PHP 模塊，由於我們是 All-in-One 已安裝過的套件可以跳過。

```
sudo apt install apache2
sudo apt install mariadb-client
```

安裝 PHP 支援 Zip 和依賴項

```
sudo apt install php-pclzip make build-essential libdbd-mysql-perl libnet-
ip-perl libxml-simple-perl php php-mbstring php-soap php-mysql php-curl
php-xml php-zip
```

您還需要安裝 PHP 支援 GD

```
sudo apt install php-gd
```

設置 PHP 時區

```
sudo vi /etc/php/7.4/apache2/php.ini
```

修改內容如下：

```
[Date]
; Defines the default timezone used by the date functions
; http://php.net/date.timezone
date.timezone = Asia/Taipei
```

» 安裝管理伺服器

安裝管理伺服器之前，我們假設您的環境已經準備如下：

● MySQL 或 MariaDB 資料庫在某處運行並在啟用 TCP/IP 3306 埠號

● 通訊伺服器和管理控制台伺服器安裝並運行 Apache 網頁伺服器

● 通訊伺服器已安裝 Perl 和 mod_perl

● 管理控制台伺服器已安裝 PHP 和 Perl

先決條件需要安裝 PERL 5.6 或更高版本：

● Perl module XML::Simple version 2.12 or higher.

● Perl module Compress::Zlib version 1.33 or higher.

● Perl module DBI version 1.40 or higher.

● Perl module DBD::Mysql version 2.9004 or higher.

● Perl module Apache::DBI version 0.93 or higher.

● Perl module Net::IP version 1.21 or higher.

● Perl module SOAP::Lite version 0.66 or higher（optional）

● Perl module Mojolicious::Lite

● Perl module Plack::Handler

● Perl module Archive::Zip

● Perl module YAML

- Perl module XML::Entities

- Perl module Switch

透過下列指令依序進行安裝，安裝過程需要一點時間喔。

```
sudo cpan install XML::Simple
sudo cpan install Compress::Zlib
sudo cpan install DBI
sudo cpan install DBD::mysql
sudo apt install libmysqlclient-dev
sudo cpan install Apache::DBI
sudo cpan install Net::IP
sudo cpan install SOAP::Lite
sudo cpan install Mojolicious::Lite
sudo cpan install Plack::Handler
sudo cpan install Archive::Zip
sudo cpan install YAML
sudo cpan install XML::Entities
sudo cpan install Switch
```

下載 OCS Inventory Server 2.11.1 版本

OCSNG_UNIX_SERVER-2.11.1.tar.gz

https://pse.is/62r5v7

您必須具有 root 權限才能設置 OCS Inventory。

```
tar -xvzf OCSNG_UNIX_SERVER-2.11.1.tar.gz
cd OCSNG_UNIX_SERVER-2.11.1/
sudo ./setup.sh
```

若安裝過程有遺漏任何的模組，則會退出程序，輸入 Enter 進行安裝。

```
CAUTION: If upgrading Communication server from OCS Inventory NG 1.0 RC2
and previous, please remove any Apache configuration for Communication Server!
Do you wish to continue ([y]/n)?
```

安裝的程序會有大量的日誌出現，為了避免篇幅過長，請參考下面的文章。

如何在 Ubuntu 20.04 安裝 OCS Inventory 資產管理系統

https://pse.is/62r5ea

出現以下畫面就代表 OCS Inventory 伺服器安裝完成。

```
+-------------------------------------------------------------------------------+
|        OK, Administration server installation finished ;-)                    |
| Please, review /etc/apache2/conf-available/ocsinventory-reports.conf          |
|         to ensure all is good and restart Apache daemon.                      |
| Then, point your browser to http://server//ocsreports                         |
|         to configure database server and create/update schema.                |
+-------------------------------------------------------------------------------+
Setup has created a log file /home/azureadmin/OCSNG_UNIX_SERVER-2.11.1/
ocs_server_setup.log. Please, save this file.
If you encounter error while running OCS Inventory NG Management server,
we can ask you to show us its content !
DON'T FORGET TO RESTART APACHE DAEMON !
Enjoy OCS Inventory NG ;-)
```

腳本會自動生成 OCS Inventory 的配置文件，但需要手動進行啟用。

```
sudo a2enconf ocsinventory-reports
sudo a2enconf z-ocsinventory-server.conf
sudo a2enconf zz-ocsinventory-restapi
sudo systemctl reload apache2
```

踩雷心得

官方文件沒有提到如何啟用 OCS Inventory 的配置文件，很多對 Apache
較不熟悉的朋友很容易以為是自己安裝過程有問題，所以才無法瀏覽
OCS Inventory 初始化畫面，這很重要官方竟然沒寫。

記得到 Azure 虛擬機器的網路安全性群組，新增開放 HTTP 埠號。

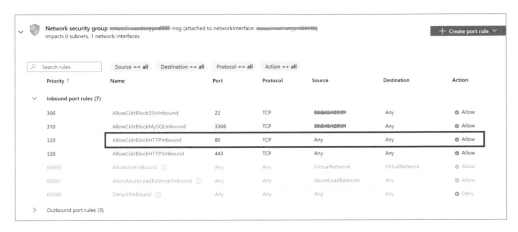

圖 1-9　Azure 網路安全性群組

瀏覽以下網址 http://your_ocs_inventory_server_ip/ocsreports

提示 /var/lib/ocsinventory-reports 需有要寫入的權限。

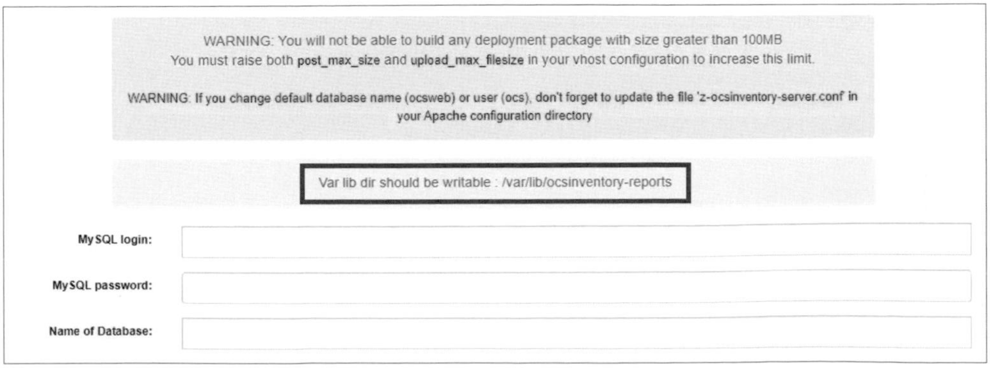

圖 1-10　OCS Inventory 初始化畫面

變更 /var/lib/ocsinventory-reports 目錄的擁有者並重啟 Apache 服務。

```
sudo chown -R www-data:www-data /var/lib/ocsinventory-reports
sudo systemctl restart apache2
```

填寫 MySQL 資料庫連線資訊，點選「Send」。

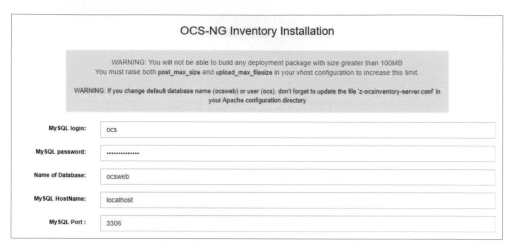

圖 1-11　OCS Inventory 初始化畫面

完成資料庫初始化之後按下，點擊「Perform the update」進行資料庫版本更新。

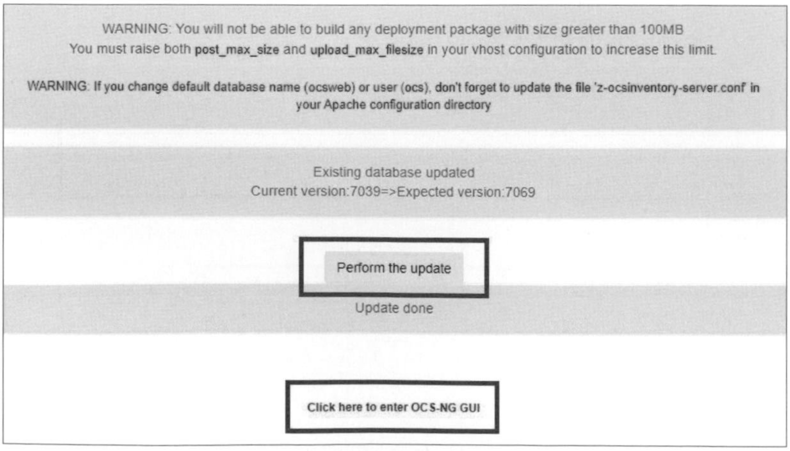

Click here to enter OCS-NG GUI

圖 1-12　OCS Inventory 更新資料庫版本

再點選「Click here to enter OCS-NG GUI」連結回到首頁，預設的管理員帳號與密碼皆為 admin，點選「Send」登入管理介面。

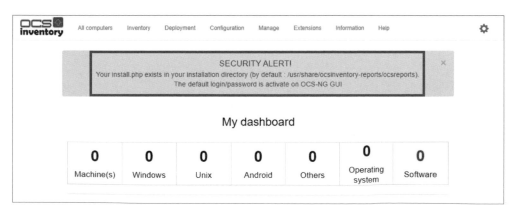

圖 1-13　OCS Inventory 登入畫面

出於安全考量，透過下列指令把 install.php 移除或者修改名稱。

```
sudo mv /usr/share/ocsinventory-reports/ocsreports/install.php{,.bak}
```

圖 1-14　OCS Inventory 儀表板

記得變更管理者的預設密碼才不會出現安全性警告。

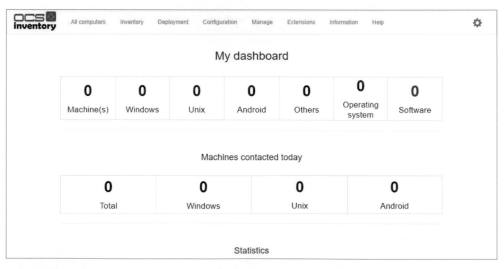

圖 1-15　變更管理者密碼

我們看似將 OCS Inventory 安裝完畢了，開心灑花。

圖 1-16　OCS Inventory 儀表板

踩雷心得

通常為了安全性的考量，我們不會在安裝資料庫時使用官方文件的預設密碼。其實這會導致通訊伺服器在接收到代理程式的資料時會無法寫入資料庫，我們就先點出這個問題並進行處理。

在下一個章節的代理程式安裝完畢後，您便會發現 OCS Inventory 似乎沒有抓到該設備的資訊，此時查閱相關日誌提示錯誤如下。

```
Service encounter error <OCS Inventory Agent encounter an error (exit code
is 4 => Failed to talk with Communication Server)>.
```

編輯 z-ocsinventory-server.conf

```
sudo vi /etc/apache2/conf-enabled/z-ocsinventory-server.conf
```

把 OCS_DB_PWD 改成您建立 ocs 帳號時所填寫的密碼。

```
# User allowed to connect to database
PerlSetEnv OCS_DB_USER ocs
# Password for user
PerlSetVar OCS_DB_PWD your_ocs_password
```

記得重啟 Apache 伺服器

```
sudo systemctl reload apache2
```

可以到 dbconfig.inc.php 查看是否生效

```
cat /usr/share/ocsinventory-reports/ocsreports/dbconfig.inc.php
```

```
01. <?php
02. define("COMPTE_BASE","ocs");
03. define("PSWD_BASE","your_ocs_password");
04. …
05. ?>
```

使用 Source 的安裝過程比較繁瑣，但是將來若要進行系統升級會比較方便。您也可以使用 APT 的方式安裝 OCS Inventory，請參考下面連結。

Setting up OCS Inventory Server with RPM

https://pse.is/62rawb

1.3 ▶ 如何透過 OCS Inventory 代理程式來蒐集 Windows 設備的資訊

在上一節我們已經完成 OCS Inventory 的系統安裝，接著就來教大家如何安裝 OCS Inventory Agent 代理程式來蒐集 Windows 設備的資訊。

OCS Inventory NG Agent 2.X on Windows Operating Systems

https://pse.is/62rbdl

請依照自己的版本下載 Windows 的代理程式如下。

OCS Windows Agent 2.10.1.0_x64.zip

https://pse.is/62rbma

比較舊的作業系統如 XP & 2003R2 only 請使用下列代理程式。

OCS Windows Agent 2.1.1.zip

https://pse.is/62rbqs

下載完畢後進行解壓縮，執行 OCS-Windows-Agent-Setup-x64.exe。

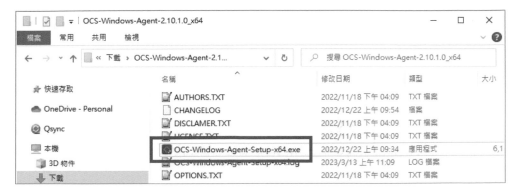

圖 1-17　Windows Agent 2.10.1.0

點選「Next」開始安裝

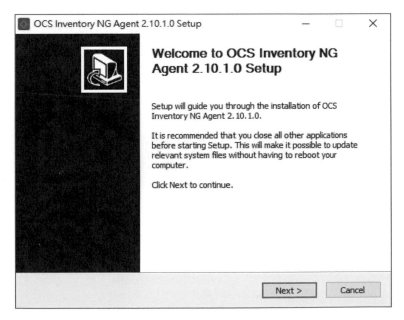

圖 1-18　OCS Inventory NG Agent Setup

同意授權合約，點選「I Agree」。

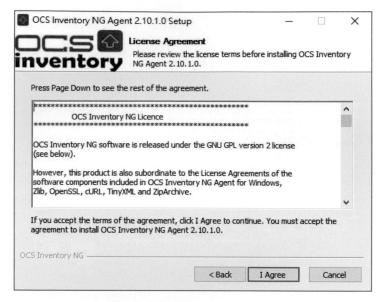

圖 1-19　License Agreement

安裝類型與元件使用預設值即可，點選「Next」。

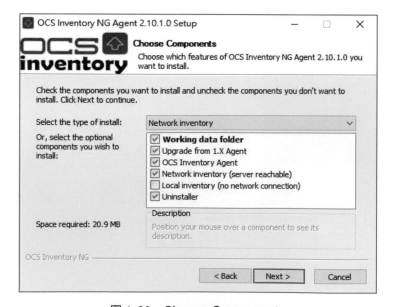

圖 1-20　Choose Components

取消勾選「Validate Certificates」先不使用 HTTPS，注意 Server URL 後面是
接 /ocsinentory，點選「Next」。

圖 1-21　OCS Inventory Server Properties

不使用代理伺服器，點選「Next」。

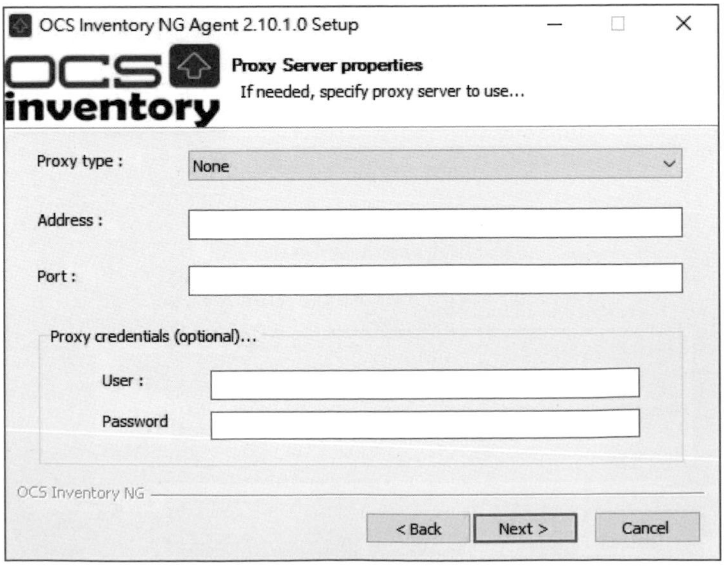

圖 1-22　Proxy Server Properties

勾選「Enable verbose log」與「Immediately launch inventory」，表示會產生日誌及安裝完畢立即掃描該設備的資訊，點選「Next」。

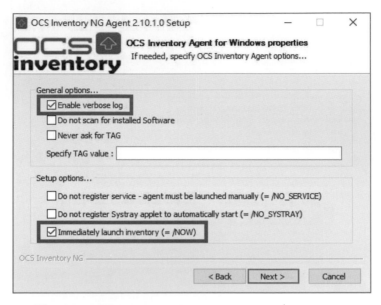

圖 1-23　OCS Inventory Agent for Windows Properties

允許 WMI 檢索當前網域用戶，點選「Next」。

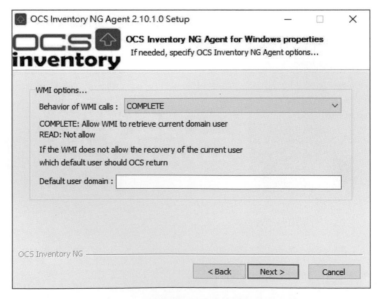

圖 1-24　OCS Inventory Agent for Windows Properties

使用預設安裝路徑即可，點選「Install」。

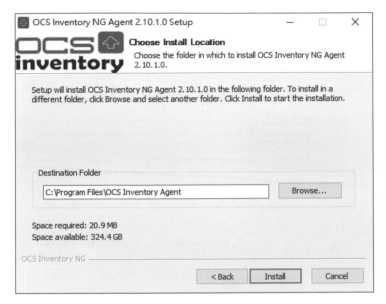

圖 1-25　Choose Install Location

勾選「Start OCS Inventory NG Systray Applet」，點選「Finish」。

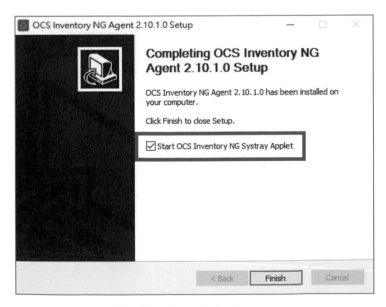

圖 1-26　Completing Setup

已經幫我們註冊成 Window 服務。

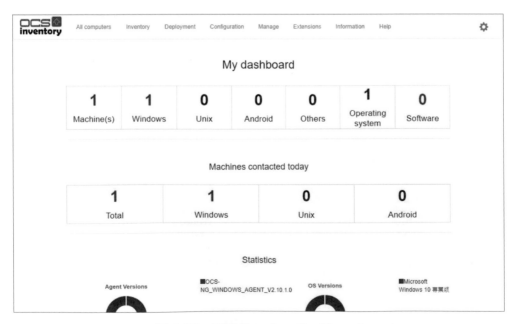

圖 1-27　OCS Inventory Service

此時儀表板已經登錄了一台 Windows 設備。

圖 1-28　OCS Inventory Dashboard

點選「All computers」選單，電腦名稱是我的設備無誤。

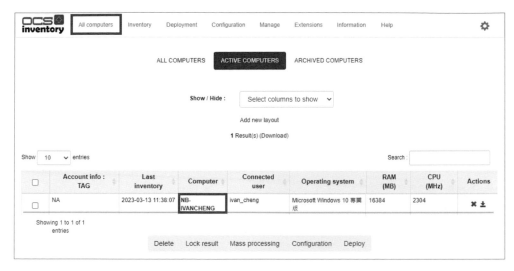

圖 1-29 All Computers

點選「NB-IVANCHENG」電腦名稱進入，可以看到更詳細的資訊。

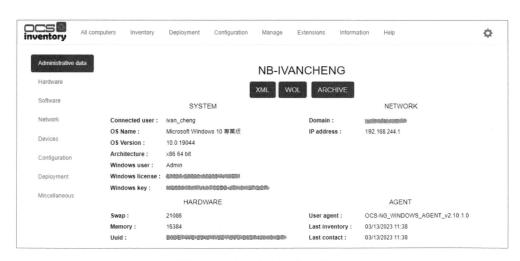

圖 1-30 Administrative Data

點選「Hardware」會幫您列出所有硬體資訊。

圖 1-31　Hardware

點選「Software」會幫您列出目前安裝的軟體，共有 225 筆。

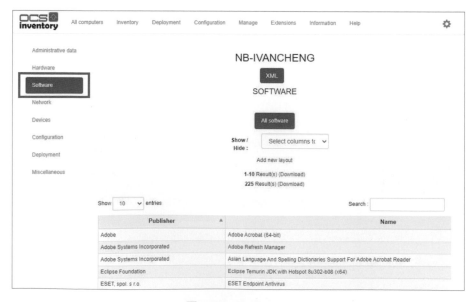

圖 1-32　Software

點選「Network」會幫您列出目前連接的所有網路介面，含虛擬的介面共有
31 筆。

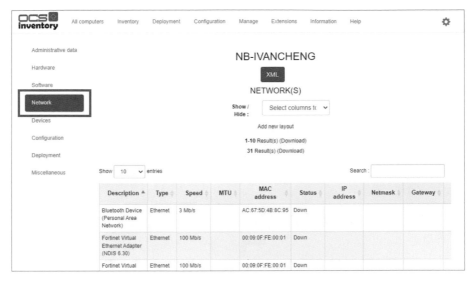

圖 1-33　Network

≫ 如何設定盤點的頻率

OCS Inventory 透過 PROLOG_FREQ 控制 Windows 代理程式運行的頻率，點
選「Configuration」選單的「 General Configuration」切換到「Server」頁籤
設定，代理程式預設為每隔 24 小時與 OCS Inventory 聯繫一次。

圖 1-34　Server Configuration

代理程式聯繫 OCS Inventory 之後，盤點預設為 Always Inventoried。

圖 1-35　**Inventory Configuration**

可以到「Inventory」設定 FREQUENCY，若盤點時間不早於設定的天數，則代理程式將不會發送盤點結果。如果您只是想要單純透過 OCS Inventory 蒐集電腦的軟硬體資訊，今天的教學應該就可以滿足您的需求了，之後會教大家如何安裝外掛程式蒐集其他資訊。

1.4 ▶ 了解 OCS Inventory 的例行性工作排程 Crontab

OCS Inventory 身為一個資產管理系統當然有提供軟體盤點的功能，除了可以依照軟體的名稱進行排序，也會幫您統計軟體安裝在哪些電腦身上。點選「Inventory」選單中的「All software」發現怎麼是空白的，原來 OCS Inventory 有某些功能是透過 Crontab 例行性工作排程進行觸發的。

圖 1-36　All Software

您可以在 OCS Inventory 上找到可用的 Crontab 列表及其説明如下：

- **cron_all_software.php**：填充和更新 All software 頁面

- **cron_cve.php**：根據 OCS Inventory 軟體清理並填充 CVE 報告

- **cron_ipdiscover.php**：清除 IpDiscover 數據

- **cron_wol.php**：執行預定的 Wake On Lan

- **cron_mailer.php**：從 OCS Inventory 發送報告郵件

 Understanding OCS Crontab

https://pse.is/62re5y

在 All software 頁面想要看到統計資料，需要執行 cron_all_software.php 這隻程式去幫您做更新的動作。

```
cd /usr/share/ocsinventory-reports/ocsreports/crontab
sudo php cron_all_software.php
```

執行畫面如下：

```
Please wait, software processing is in progress. It could take a few minutes ...
```

重新瀏覽「All software」統計資料終於出現了，若點選軟體旁邊的 Count 數值，則會跳轉頁面，幫您列出有哪些電腦裝了這個軟體。

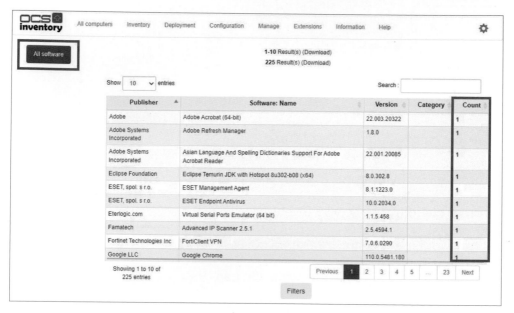

圖 1-37　All Software

確定 cron_all_software.php 功能沒問題後，把它加入排程吧。

```
sudo crontab -e
```

若有設定 AzureVM 每天自動開關機，執行時間要設對才不會跑了個寂寞。

```
30 8 * * * cd /usr/share/ocsinventory-reports/ocsreports/crontab/ && php
cron_all_software.php
```

原則上這種統計排程工作一天只需要執行一次就好，畢竟軟體的安裝與異動並不會很頻繁，請大家依照實際的情境與管理數量進行微調吧。

筆者心得

我習慣將 PROLOG_FREQ 設定盤點頻率與更新 All software 頁面的頻率設定成每小時執行一次，而 FREQUENCY 則設定 Always Inventoried。

1.5 ▶ 解決 OCS Inventory 下載 CSV 檔案中文亂碼的問題

有時候我們會需要把統計的資料匯出給稽核人員或者主管進行審查，OCS Inventory 在許多介面都有提供「Download」的連結方便我們進行下載，今天我們來解決下載 CSV 檔案中文亂碼的問題。

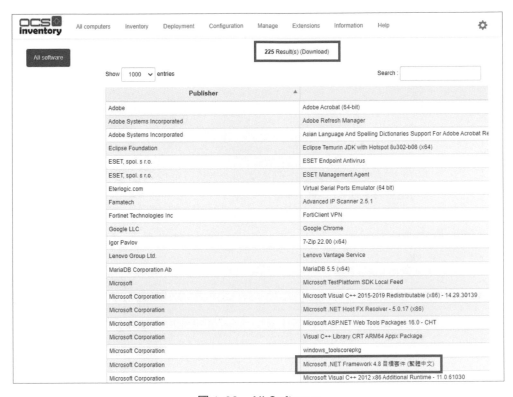

圖 1-38　All Software

實戰心得

在導入 ISO 27001 的過程中，通常會需要建立軟體白名單來限制未授權軟體的使用。我們就會需要將全部的電腦所安裝的軟體全部匯出，經由主管審核與批准如何決定哪些軟體可以進入企業的作業環境中。

點擊上方的「Download」連結將 All software 匯出成 CSV 檔案，可以發現中文的部分都變成亂碼了。

圖 1-39　匯出的 CSV 檔案

主要是 CSV 匯出程式的問題：

```
sudo vi /usr/share/ocsinventory-reports/ocsreports/plugins/main_sections/
ms_export/ms_csv.php
```

找到 Generate output page for DB data export 程式碼區段，在 185 行的地方插入下段程式碼。

```
01.  $toBeWritten = mb_convert_encoding($toBeWritten , "Big5" , "UTF-8");
```

不需要重啟 Apache 伺服器，重新下載一次即可正常顯示中文了。

```
01.     if ($toBeWritten != "") {
02.         // Generate output page for DB data export
03.         $toBeWritten = mb_convert_encoding($toBeWritten , "Big5" ,
    "UTF-8");
04.         header("Content-Disposition: attachment; filename=\"export.
    csv\"");
05.         header("Content-Length: " . strlen($toBeWritten));
06.         echo $toBeWritten;
07.     } else {
08.         // Generate output page for log export
09.         ...
10.     }
```

1.6 ▸ 如何將 OCS Inventory 繁體中文化

OCS Inventory 目前支援 17 種多國語系，但很可惜就是沒有繁體中文。接下來教大家如何把 OCS Inventory 翻譯成繁體中文化吧。

圖 1-40　OCS Inventory Language

編輯語系設定檔，切記做任何異動前請先記得備份。

```
sudo vi /usr/share/ocsinventory-reports/ocsreports/plugins/language/lang_
config.txt
```

我們只留下英文並新增一筆繁體中文。

```
<ORDER>
en_GB
zh_TW
</ORDER>
<LBL>
en_GB:english
zh_TW:taiwan
</LBL>
```

建議參考英文、簡體中文與日文的語系檔案交叉比對進行翻譯，選出你覺得最合適的翻譯。繁體中文的部分已經幫大家翻譯好了，可以參考下面連結。

 OCS Inventory zh_TW

https://pse.is/62tqay

下載後擺放到對應的位置就可以了。

```
git clone https://github.com/jieshiun/ocs-inventory.git
sudo cp -r ocs-inventory/plugins/* /usr/share/ocsinventory-reports/
ocsreports/plugins/
sudo chown -R www-data:www-data /usr/share/ocsinventory-reports/ocsreports/
plugins/
```

最後修改登入的預設語系

```
sudo vi /usr/share/ocsinventory-reports/ocsreports/var.php
```

找到 DEFAULT_LANGUAGE 修改成 zh_TW 即可。

```
01. define('DEFAULT_LANGUAGE', 'zh_TW');
```

回到登入的畫面，語系已經預設為繁體中文且只有英文可以挑選。

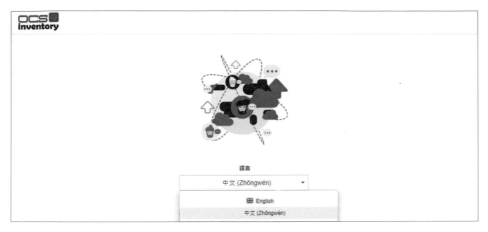

圖 1-41　OCS Inventory Language

1.7 ► 如何使用 OCS Inventory 的除錯模式

假如你覺得中文翻譯得不夠好，可以開啟除錯模式來查詢語系檔案的參數設定。

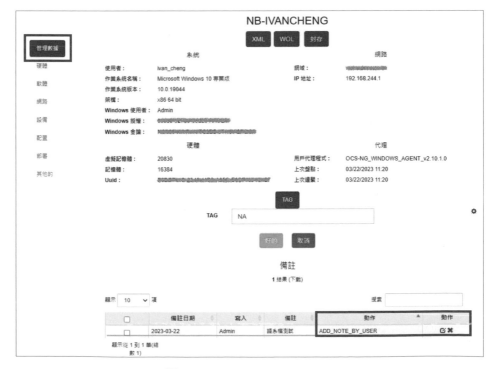

圖 1-42　Administrative Data

在電腦的「管理數據」頁面，發現備註的欄位出現了兩個欄位名稱都叫動作，左邊的動作欄位的意思比較偏向備註動作的行為描述。

» 先查看 zh_TW 語系檔設定

```
cat /usr/share/ocsinventory-reports/ocsreports/plugins/language/zh_TW/zh_
TW.txt | grep "動作"
```

可以發現有兩筆資料都叫做動作，我們怎知道要修改哪一筆呢？

```
443 動作
1381 動作
```

到儀表板的右邊設定，點選「除錯」。

圖 1-43　OCS Inventory 儀表板

選擇切換到「語言」，點選「好的」。

圖 1-44　DEBUG

回到儀表板，發現介面長得有點不一樣了。

圖 1-45　OCS Inventory 儀表板

在管理數據的頁面中，可以看到動作 {443} 就是我們要修改的地方。

圖 1-46　Administrative Data

》編輯 zh_TW 語系檔設定

```
sudo vi /usr/share/ocsinventory-reports/ocsreports/plugins/language/zh_TW/
zh_TW.txt
```

修改 443 的描述，存檔離開。

443 備註動作

記得登出再重新登入，就可以看到已經修改成功了。

圖 1-47　Administrative Data

我們介紹了除錯模式的簡單用法，建議大家可以嘗試切換成不同的除錯模式來觀察看看喔。

筆者心得

建議將用不到的語系從語系設定檔移除，因為處理多國語系的內容需要加載更多的資源，進而佔用更多伺服器的記憶體與 CPU 的使用率。

外掛程式

CHAPTER

2

2.1 ▶ 如何在 OCS Inventory 安裝 Winupdate 外掛程式

外掛模組從 OCS Inventory 2.6 版之後已經完全重寫和改進，官方也有提供許多好用的外掛程式。例如幫您獲取 Anydesk 或者 Teamviewer 的版本與 ID，大家可以參考下列網址。

OCS Inventory Plugins

https://pse.is/62uxjm

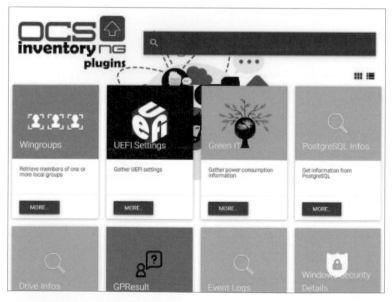

圖 2-1　OCS Inventory Plugins

若要使用外掛模組，必須在 OCS Inventory 伺服器上安裝 Python3 與 scp 套件。

```
sudo apt install python3-scp
```

在您的伺服器上安裝外掛分為三個步驟：

- 將外掛程式上傳至管理伺服器的文件系統

- 在管理控制台安裝外掛程式

- 在通訊伺服器安裝外掛程式

≫ 將外掛程式上傳至管理伺服器的文件系統

我們將以 Winupdate 這個外掛程式作為演示範例，可以參考下面連結。

Winupdate Plugin
https://pse.is/62uzgx

圖 2-2　Winupdate Plugin

先將下載的 zip 文件放在管理伺服器的 extensions 文件夾中並解壓縮。

```
wget https://github.com/PluginsOCSInventory-NG/winupdate/releases/
download/3.0/winupdate.zip
sudo apt install zip
sudo unzip winupdate.zip -d /usr/share/ocsinventory-reports/ocsreports/
extensions
```

預設路徑為 /usr/share/ocsinventory-reports/ocsreports/extensions

解壓縮完畢後就可以將壓縮檔刪除。

```
sudo rm winupdate.zip
```

變更資料夾權限

```
sudo chown -R www-data:www-data /usr/share/ocsinventory-reports/ocsreports/
extensions/winupdate
```

》 在管理控制台安裝外掛程式

接下來到選單的「Extensions」，點選「Extensions manager」。

圖 2-3　OCS Inventory 儀表板

下拉式選單選擇「winupdate」，點選「Install」。

圖 2-4　Extensions

安裝成功後，要求您登出再重新登入一次。

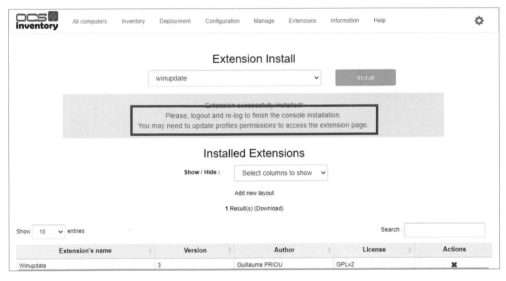

圖 2-5　Extensions

≫ 在通訊伺服器安裝外掛程式

接下來要在通訊伺服器透過 install_plugin.py 腳本進行安裝。

```
cd /usr/share/ocsinventory-reports/ocsreports/tools
sudo python3 install_plugin.py
```

腳本詢問外掛程式存放位置，使用預設輸入 Enter 即可。

```
Where is the plugins location [/usr/share/ocsinventory-reports/ocsreports/
extensions/]
```

腳本偵測到 winupdate 外掛，輸入 0 並按 Enter 即可。

```
[0] => winupdate
```

詢問管理與通訊伺服器是否為同一台，按 Enter 即可。

```
The server is installed on the same server ? [y]/n
```

詢問通訊伺服器配置目錄的路徑，按 Enter 即可。

該腳本會將所有需要的文件複製到您的通訊伺服器的配置目錄中

```
Where is the server location [/etc/ocsinventory-server]
winupdatehas been successfully installed ! Don't forget to restart your
Apache server
```

安裝成功，記得重啟 Apache 伺服器。

```
sudo service apache2 restart
```

≫ 配置客戶端代理程式

在您的伺服器上安裝外掛後，您仍然需要在所有的代理程式更新資料。下載的外掛套件裡面都會有一個 Agent 目錄，把目錄底下的檔案複製到 OCS Inventory Agent 的 Plugins 即可。

圖 2-6　Agent

Plugins 預設路徑為 C:\Program Files\OCS Inventory Agent\Plugins

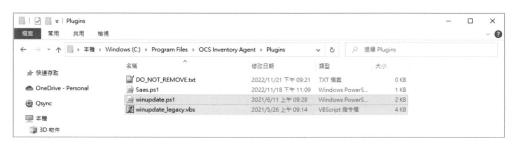

圖 2-7　Plugins

接下來我們手動重啟服務就可以蒐集到 Windows 更新的資料。

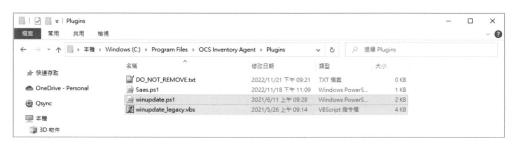

圖 2-8　OCS Inventory Service

點選電腦名稱進入「Miscellaneous」頁面，往下拉到 Windows Update State 已經幫您列出該台電腦目前安裝了哪些 Windows 更新。

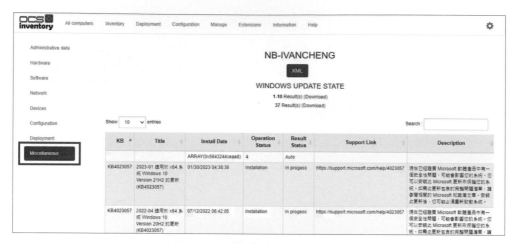

圖 2-9　Windows Update State

2.2 ▶ 如何在 OCS Inventor 安裝 Office Pack 外掛程式

接下來就來教大家如何在 OCS Inventory 安裝 Office Pack 外掛程式來取得 Office 授權金鑰，讓管理人員可以透過後五碼來比對公司是否有人私自使用盜版的金鑰來啟動 Office 軟體。

≫ 將外掛程式上傳至管理伺服器的文件系統

我們將以 Office Pack 這個外掛程式作為演示範例，可以參考下面連結。

Office Pack Plugin

https://pse.is/62vhxx

圖 2-10　Office Pack Plugin

先將下載的 zip 文件放在管理伺服器的 extensions 文件夾中並解壓縮。

```
wget https://github.com/PluginsOCSInventory-NG/officepack/releases/
download/3.4/officepack.zip
sudo apt install zip
sudo unzip officepack.zip -d /usr/share/ocsinventory-reports/ocsreports/
extensions
```

變更資料夾權限

```
sudo chown -R www-data:www-data /usr/share/ocsinventory-reports/ocsreports/
extensions/officepack
```

≫ 在管理控制台安裝外掛程式

接下來到選單的「Extensions」，點選「Extensions manager」。

圖 2-11　OCS Inventory 儀表板

下拉式選單選擇「officepack」，點選「Install」。

圖 2-12　Extensions

安裝成功後，要求您登出再重新登入一次。

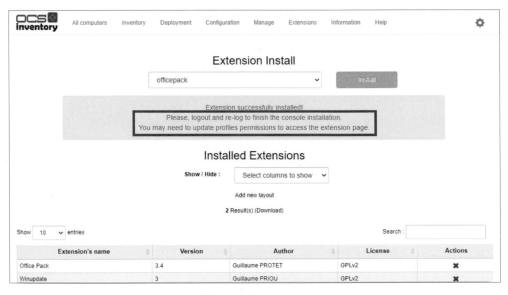

圖 2-13　Extensions

» 在通訊伺服器安裝外掛程式

接下來要在通訊伺服器透過 install_plugin.py 腳本進行安裝。

```
cd /usr/share/ocsinventory-reports/ocsreports/tools
sudo python3 install_plugin.py
```

腳本詢問外掛程式存放位置,使用預設輸入 Enter 即可。

```
Where is the plugins location [/usr/share/ocsinventory-reports/ocsreports/
extensions/]
```

腳本偵測到 officepack 外掛,輸入 0 並按 Enter 即可。

```
[0] => officepack
[1] => winupdate
```

詢問管理與通訊伺服器是否為同一台,按 Enter 即可。

```
The server is installed on the same server ? [y]/n
```

詢問通訊伺服器配置目錄的路徑,按 Enter 即可。

該腳本會將所有需要的文件複製到您的通訊伺服器的配置目錄中。

```
Where is the server location [/etc/ocsinventory-server]
winupdatehas been successfully installed ! Don't forget to restart your
Apache server
```

安裝成功,記得重啟 Apache 伺服器。

```
sudo service apache2 restart
```

≫ 配置客戶端代理程式

在您的伺服器上安裝外掛後，您仍然需要在所有的代理程式更新資料。下載的外掛套件裡面都會有一個 Agent 目錄，把目錄底下的檔案複製到 OCS Inventory Agent 的 Plugins 即可。

圖 2-14　Agent

Plugins 預設路徑為 C:\Program Files\OCS Inventory Agent\Plugins

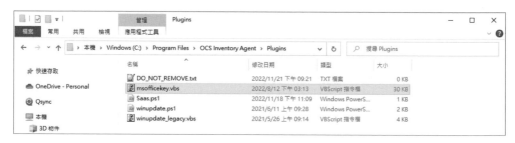

圖 2-15　Plugins

接下來我們手動重啟服務就可以蒐集到 Office Key 的資料。

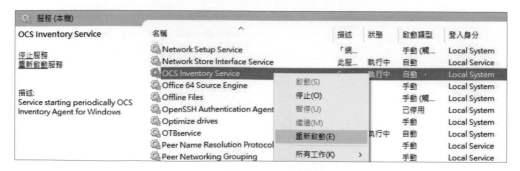

圖 2-16　OCS Inventory Service

點選電腦名稱進入「Software」頁面,往下拉到 Office Licences 已經幫您列出
該台電腦目前安裝了哪些 Office 的版本與後五碼的授權金鑰。

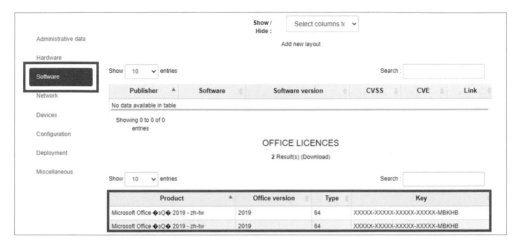

圖 2-17　Office Licences

很奇怪的跑出兩筆與中文亂碼,手動執行 msofficekey.vbs 看看。

```
C:\Users\ivan_cheng\Downloads\officepack\agent>wscript msofficekey.vbs
```

的確是跳了兩次視窗偵測到兩筆,開始懷疑我的筆電的登錄檔不乾淨。

圖 2-18　msofficekey.vbs

此外產品名字是有正常顯示的，看樣子是寫入資料庫前變成亂碼了。

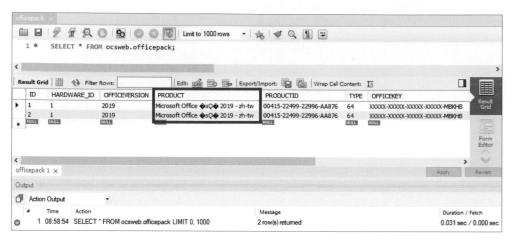

圖 2-19　office pack 資料表

我們也可以使用下列指令，手動驗證後五碼的授權金鑰是否正確。

```
cscript "C:\Program Files\Microsoft Office\Office16\OSPP.VBS" /dstatus
```

```
Microsoft Windows [版本 10.0.19044.2604]
(c) Microsoft Corporation. 著作權所有，並保留一切權利。

C:\Users\ivan_cheng>cscript "C:\Program Files\Microsoft Office\Office16\OSPP.VBS" /dstatus
Microsoft (R) Windows Script Host Version 5.812
Copyright (C) Microsoft Corp. 1996-2006，著作權所有，並保留一切權利

---Processing------------------------
--------------------------------------
PRODUCT ID: 00415-22499-22996-AA876
SKU ID: 4a45a66c-1979-480c-94e2-4331e1b02078
LICENSE NAME: Office 19, Office19Standard2019VL_MAK_AE edition
LICENSE DESCRIPTION: Office 19, RETAIL(MAK) channel
BETA EXPIRATION: 1601/1/1
LICENSE STATUS:  ---LICENSED---
Last 5 characters of installed product key: MBKHB
--------------------------------------
--------------------------------------
---Exiting----------------------------

C:\Users\ivan_cheng>_
```

圖 2-20　ospp.vbs

注意看 msofficekey.vbs 也是透過上面的指令取得授權金鑰資訊，但是不包含
PRODUCT 的名稱。

```
01.  Function getOfficeOSPPInfos(version)
02.   Dim WshShell, oExec
03.   Dim mTab
04.   Dim key, value
05.   Dim path
06.   Dim writeProduct
07.   Dim objOfficeDict
08.
09.   Set WshShell = WScript.CreateObject("WScript.Shell")
10.   Set WshShellObj = WScript.CreateObject("WScript.Shell")
11.   Set WshProcessEnv = WshShellObj.Environment("Process")
12.   Set objOfficeDict = CreateObject("Scripting.Dictionary")
13.
14.   result = WshShell.Run("cmd /c cscript ""C:\Program Files (x86)\
      Microsoft Office\Office" & version & "\OSPP.VBS"" /dstatus >
      %USERPROFILE%\output.txt",
      0, true)
15.   ' Debug : if 32 bits version available ?
```

原來 PRODUCT 的名稱是透過機碼取得的。

```
01.  ' Office 2019
02.   If IsNullOrEmpty(oProd) Then
03.    oReg.EnumKey HKEY_LOCAL_MACHINE, "Software\Microsoft\Windows\
       CurrentVersion\Uninstall", aUninstallKeys
04.    If Not IsNull(aUninstallKeys) Then
05.     For Each UninstallKey In aUninstallKeys
06.      oReg.GetStringValue HKEY_LOCAL_MACHINE, "Software\Microsoft\
         Windows\CurrentVersion\Uninstall\" & UninstallKey,
         "UninstallString", sValue, "REG_SZ"
07.      If InStr(LCase(sValue), "microsoft office " & Left(aOffID(a,1)
         ,2)) > 0 OR _
08.       (InStr(LCase(sValue), "productstoremove=") > 0 AND _
09.       InStr(sValue, "." & Left(aOffID(a,1),2) & "_") > 0) Then
10.       oNote = Mid(sValue, InStr(sValue, "productstoremove="))
```

透過 microsoft office 字段找到 DisplayName，可以確定在寫入資料庫前產品名稱可以正常顯示。

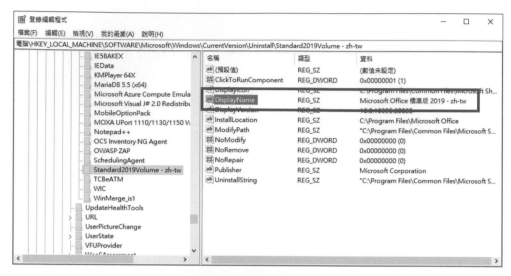

圖 2-21　登錄編輯程式

可能是 Office Pack 3.4 版本修改偵測 Office 版本的方法有 Bug 吧？雖然中文亂碼的問題不影響使用，若在意的朋友可以先安裝 Office Pack 3.3 版。

到「Extensions manager」，點擊 Office Pack 的 Actions「刪除」按鈕。

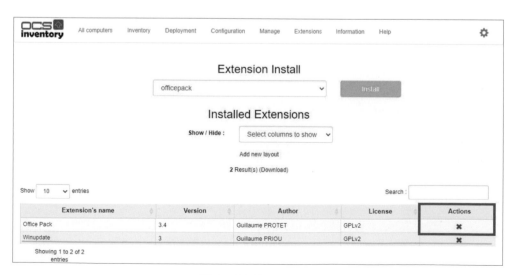

圖 2-22　Extensions

根據上面的步驟重新安裝 Office Pack 3.3 版

```
wget https://github.com/PluginsOCSInventory-NG/officepack/releases/
download/3.3/officepack.zip
```

這次資料只有一筆，看起來正常多了。

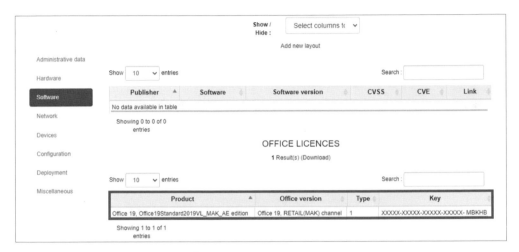

圖 2-23　Office Licences

» Office Key Management

企業的電腦這麼多當然不可能每台分別點進去看 Office Key，因此 Office Pack 還有提供 Office Key Management 的頁面。

預設是沒有權限看到 Office Key Management 的頁面，點選「Configuration」選單的「Users」來配置權限。

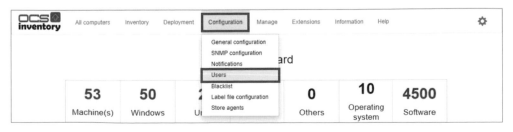

圖 2-24　OCS Inventory 儀表板

在「Profiles」頁面，點選「Super Administators」進行配置。

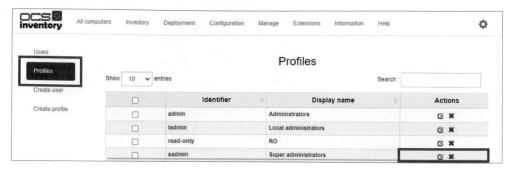

圖 2-25　Profiles

往下拉在 Pages 這邊，勾選「ms_officepack」並儲存。

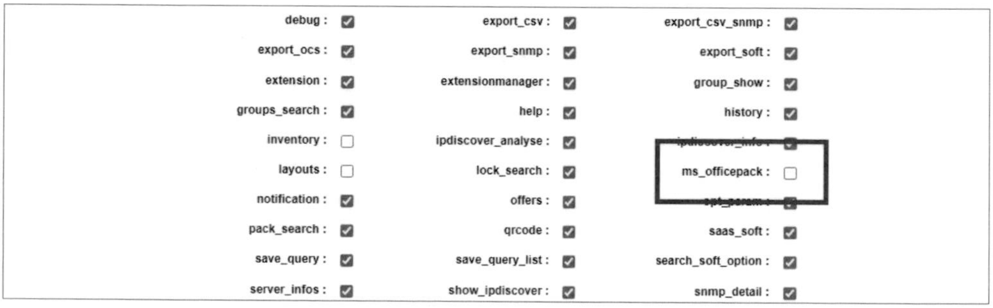

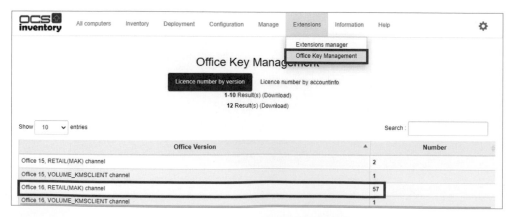

圖 2-26　Edit Profile(Super administrators)

登出再重新登入，此時 Extensions 便可看見「Office Key Management」。

圖 2-27　Office Key Management

點選 Office 16, RETAIL（MAK）channel 旁邊的「Number」看看。

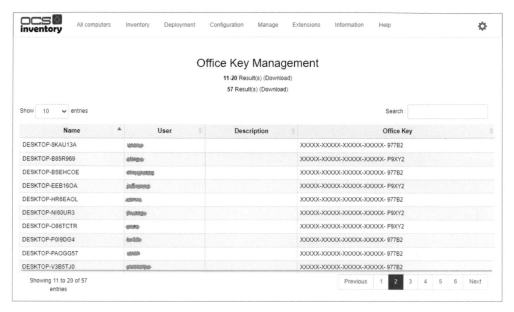

圖 2-28　Office 16, RETAIL(MAK) Channel

系統管理人員只要透過後五碼來比對，就可以知道公司是否有人私自使用盜版的金鑰來啟動 Office 軟體。相信在熟悉了 Winupdate 與 Office Pack 這兩種外掛的安裝，想要安裝其他的外掛應該就難不倒大家了。

Note

弱點掃描
CVE Inventory

CHAPTER

3

3.1 ▶ 通用漏洞披露簡介

≫ 甚麼是 CVE？

通用漏洞披露（Common Vulnerabilities and Exposures）是指軟體或系統中的一個錯誤或弱點，可以被攻擊者利用來繞過安全措施、執行惡意代碼或訪問敏感數據。每個 CVE 都有一個唯一的識別號，通常是由年份再加上一組流水的編號組所成，例如 CVE-2023–1234 是 2023 年發現的第 1234 個已知漏洞。

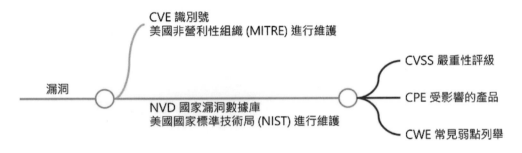

圖 3-1　CVE 簡介

針對該 CVE 的詳細資訊，則由美國國家標準技術局（NIST）進行維護，並更新於國家漏洞數據庫（NVD），內容包含該漏洞的嚴重性評級（CVSS）、受影響的產品（CPE）跟屬於那些常見弱點列舉（CWE）。

≫ 什麼樣的缺陷才算 CVE？

只有滿足特定條件的缺陷才會分配 CVE 識別號，這些缺陷必須滿足以下條件：

- **可以單獨修復**：該缺陷可以獨立於所有其他錯誤進行修復。
- **已得到相關供應商的確認或已記錄在案**：軟體或硬體供應商已確認錯誤，並承認其會對安全性造成負面影響。
- **會影響某個代碼庫**：如果缺陷會對多個產品造成影響，則會獲得單獨的 CVE。對於共享的庫、協議或標準，只有在使用共享代碼會容易受到攻擊

時，該缺陷才會獲得單個 CVE。否則，每個受影響的代碼庫或產品都會獲得一個唯一的 CVE。

❯❯ 何時才會公開 CVE 安全公告？

供應商一般會對安全缺陷保密，直至相關修復已完成開發和測試。這樣可以降低未修補漏洞被攻擊的風險。

❯❯ CVSS 嚴重性評級

CVSS 運用數學方程式來判定某特定網路的安全性是否存在弱點，普遍被認為較具中立性。判定標準不但包含威脅的嚴重性、遠端網路是否能遙控漏洞、利用網路弱點，攻擊者是否需要登入才會產生威脅等等都被列入評比。

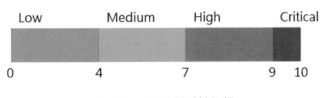

圖 3-2　CVSS 嚴重性評級

❯❯ CPE 受影響的產品

CPE 為美國國家標準技術局（NIST）所提出將弱點標準化的方式，用於識別應用程式 (a)、作業系統 (o) 及硬體上 (h) 的各種設備之資訊資產並且有版本區別，分為主要廠商名稱（Vendor）、產品名稱（Product）、產品版本（Version）、產品更新（Update）及產品版次（Edition）。

```
cpe:2.3:a:vmware:vmware_workstation:6.0.2:*:*:*:*:*:*:*
cpe:2.3:o:microsoft:windows_server_2008:r2:sp1:x64:*:*:*:*:*
cpe:2.3:h:intel:core_i7:4760hq:*:*:*:*:*:*:*
```

≫ CWE 通用弱點列舉

CWE 旨在建立一種通用語言，描述軟體在架構、設計或程式碼中存在的安全威脅。主要目的是成為軟體安全工具修復漏洞時的參考標準，記錄每個弱點的特徵、緩解方式和預防方法，以供所有人參考應用。

我們以 2023 年 CWE 25 個最危險的軟體弱點為例，可參考下列連結。

2023 CWE Top 25 Most Dangerous Software Weaknesses

https://pse.is/62ydak

發布此清單的目的是幫助程式設計師在撰寫程式碼時避免這些漏洞的產生。列出的軟體弱點具有共同的特點，即容易被發現和利用，攻擊者可以輕易控制機器、竊取資料並導致服務中斷。不僅程式設計師需要查看此列表，軟體專案管理者、軟體測試人員和軟體客戶也最好了解此列表的內容，以避免在軟體開發過程中出現漏洞，導致軟體中存在弱點。

≫ CVE 歷年統計數量

由 CVE 歷年統計數量可以發現 2017 年之後的漏洞增加數量越來越多。

Published CVE Records

https://pse.is/62ye8w

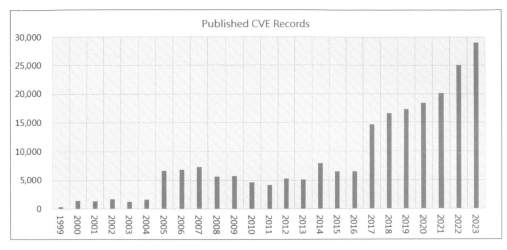

圖 3-3　Published CVE Records

3.2 ▶ 如何在 Ubuntu 22.04 安裝 CVE-Search 伺服器

我們可以把 OCS Inventory 與 CVE-Search 進行整合，將盤點到的所有軟體與 CPE 幾十多萬筆受漏洞影響的產品進行比對，告知您存在哪些 CVE 漏洞與資訊，可說是非常實用的功能。

» CVE-Search

CVE-Search 是一個開源的專案，主要功能是從多個漏洞資料庫中搜尋並列出有關特定 CVE 編號的資訊，包括漏洞描述、CVSS 評分、影響的產品和供應商與參考資料等等，可參考以下連結。

CVE-Search - Local search for known vulnerabilities

https://pse.is/62ygu3

若想透過 Docker 來快速地體驗 CVE-Search 的朋友，可以參考下面的文章。

如何使用 Docker 安裝 CVE-Search 伺服器

https://pse.is/62yhjn

若您使用的是 2023 鐵人賽文章介紹的 CVE-Search v4.2.1 版本，該版本使用的 CVE 下載格式將於 2024 年 6 月 30 日棄用，使用這些舊格式的任何工具或自動化可能不再起作用。

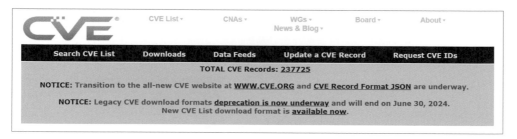

圖 3-4　CVE Notice

CVE-Search 專案也於 2023 年 12 月 18 日發布於 5.0.0 版本，主要改進了 NVD NIST API 導入，切換到新的 CVE 網站和記錄格式 JSON 5.0。

CVE-Search News

https://pse.is/62ysr4

圖 3-5　CVE-Search News

≫ Azure 虛擬機器建立

根據我的經驗建議使用 Standard B4ms（4 vcpu，16 GiB 記憶體）以上的規格，避免在初始化資料庫時才卡住，待初始化完畢後再將規格調降來節省費用。

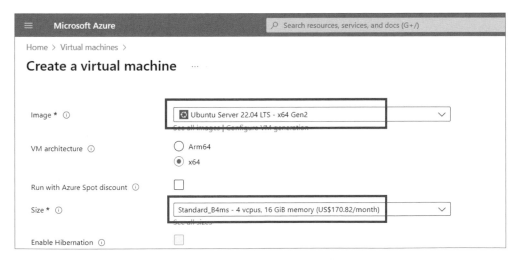

圖 3-6　Azure 虛擬機器大小

» CVE-Search 架構

安裝之前先來了解一下系統架構，CVE-Search 使用 Flask 網頁應用程式框架
作為前端，它提供了一個簡單的 Web 介面讓使用者可以搜索 CVE 資訊。後端
的資料庫則採用 MongoDB 來進行儲存並使用 Redis 進行快取增加查詢反應
速度。

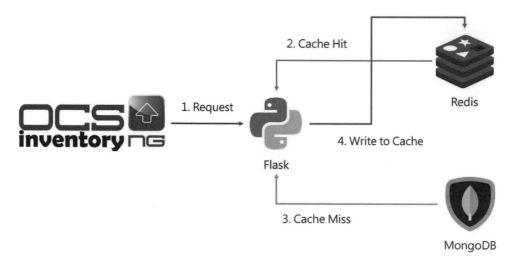

圖 3-7　CVE-Search 架構圖

» 安裝 CVE-Search

從 GitHub 上取得 Repository

```
git clone https://github.com/cve-search/cve-search.git
cd cve-search/
```

安裝系統所需要套件

```
sudo apt-get update
xargs sudo apt-get install -y < requirements.system
```

安裝 CVE-Search 與 Python 相依套件

```
pip3 install -r requirements.txt
```

≫ 安裝 MongoDB

透過下列指令安裝 MongoDB

```
# Import the public key used by the package management system
sudo apt-get install gnupg curl
curl -fsSL https://www.mongodb.org/static/pgp/server-7.0.asc | \
    sudo gpg -o /usr/share/keyrings/mongodb-server-7.0.gpg \
        --dearmor
# Create a list file for MongoDB
echo "deb [ arch=amd64,arm64 signed-by=/usr/share/keyrings/mongodb-server-
7.0.gpg ] https://repo.mongodb.org/apt/ubuntu jammy/mongodb-org/7.0
multiverse" | \
    sudo tee /etc/apt/sources.list.d/mongodb-org-7.0.list
# Reload local package database & install the MongoDB package
sudo apt-get update
sudo apt-get install -y mongodb-org
```

啟動 MongoDB 服務

```
sudo systemctl daemon-reload
sudo systemctl start mongod
```

檢查 MongoDB 服務狀態

```
sudo systemctl status mongod
```

開機時執行 MongoDB 服務

```
sudo systemctl enable mongod
```

≫ 初始化資料庫

對於初始運行，您需要通過以下命令來填充 CVE 資料庫。

更新 CPE 字典

```
./sbin/db_mgmt_cpe_dictionary.py -p
```

若有發生以下錯誤

```
Traceback (most recent call last):
  File "/home/azureadmin/.local/lib/python3.10/site-packages/pymongo/ssl_
support.py", line 24, in <module>
    import pymongo.pyopenssl_context as _ssl
  File "/home/azureadmin/.local/lib/python3.10/site-packages/pymongo/
pyopenssl_context.py", line 29, in <module>
    from OpenSSL import SSL as _SSL
  File "/usr/lib/python3/dist-packages/OpenSSL/__init__.py", line 8, in
<module>
    from OpenSSL import crypto, SSL
  File "/usr/lib/python3/dist-packages/OpenSSL/crypto.py", line 1579, in
<module>
    class X509StoreFlags(object):
  File "/usr/lib/python3/dist-packages/OpenSSL/crypto.py", line 1598, in
X509StoreFlags
    NOTIFY_POLICY = _lib.X509_V_FLAG_NOTIFY_POLICY
AttributeError: module 'lib' has no attribute 'X509_V_FLAG_NOTIFY_POLICY'.
Did you mean: 'X509_V_FLAG_EXPLICIT_POLICY'?
```

可以透過安裝 PyOpenSSL 解決

```
pip3 install pyopenssl==24.0.0
```

我已經該問題回報給 CVE-Search 專案團隊

AttributeError X509_V_FLAG_NOTIFY_POLICY Issue

https://pse.is/62yz4t

踩雷心得

根本原因為 CVE-Search 透過 pymongo 來連接 MongoDB，其中引用到的 PyOpenSSL 與 Cryptography 版本之前存在的不相容的問題。CVE-Search 的維護者也已經回報該問題給 pymongo 的維護者，相信之後大家應該就不會遇到這個問題了。

再次更新字典，共花了半小時下載 1,267,513 筆 CPE。

```
2024-06-03 02:38:06,732 - CveXplore.core.database_maintenance.main_updater
- INFO      - Starting Database population....
2024-06-03 02:38:06,738 - CveXplore.core.nvd_nist.nvd_nist_api - WARNING
- Could not find a NIST API Key in the environment variable 'NVD_NIST_API_
KEY' (e.g. from the '~/.cvexplore/.env' file); you could request one at:
https://nvd.nist.gov/developers/request-an-api-key
2024-06-03 02:38:06,741 - CveXplore.core.database_maintenance.sources_
process - INFO      - CPE Database population started
2024-06-03 02:38:07,802 - CveXplore.core.database_maintenance.sources_
process - INFO      - Preparing to download 1267513 CPE entries
2024-06-03 03:11:34,091 - CveXplore.core.database_maintenance.sources_
process - INFO      - Duration: 0:33:27.348928
```

WARNING — Could not find a NIST API Key in the environment variable NVD _NIST_API_KEY

所有的 NIST 出版物均可在公共領域獲取，但是為防止拒絕服務攻擊而實施的 NIST 防火牆規則可能會阻止您的應用程式，如果應用程式超過預定的速率限制如下：

- 公共速率限制（沒有 API 金鑰）是在 30 秒內 5 個請求

- API 金鑰的速率限制是在 30 秒內 50 個請求

我們可以到下列連結申請 NVD API 金鑰，請提供您的組織名稱和有效的電子郵件地址，並註明您的組織類型。

NVD - API Key Request

https://pse.is/62z4vn

更新 CVE 資料

```
./sbin/db_mgmt_json.py -p
```

共花了快一個小時下載 238,172 筆 CVE。

```
2024-06-03 03:46:43,621 - CveXplore.core.database_maintenance.main_updater
- INFO      - Starting Database population....
2024-06-03 03:46:43,631 - CveXplore.core.database_maintenance.sources_
process - INFO      - CVE database population started
2024-06-03 03:46:43,631 - CveXplore.core.database_maintenance.sources_
process - INFO      - Starting CVE database population starting from year: 2000
2024-06-03 03:46:45,322 - CveXplore.core.database_maintenance.sources_
process - INFO      - Preparing to download 238172 CVE entries
2024-06-03 06:37:29,667 - CveXplore.core.database_maintenance.main_updater
- INFO      - Populate total duration: 1:02:36.148455
```

更新資料庫可能需要一些時間，具體取決於您的硬體配置。

```
# This will take >45minutes on a decent machine, please be patient
./sbin/db_updater.py -c
```

經過初始化之後，若想要手動更新 CVE 資料庫。

```
./sbin/db_updater.py -v
```

我們希望每日取得最新的 CVE 的數據。

```
sudo crontab -e
```

設定 crontab 每天上午八點半更新 CVE 資料。

```
30 8 * * * cd /home/azureadmin/cve-search/ && python3 ./sbin/db_updater.py -v
```

預設情況下，日誌會記錄在 log/update_populate.log。

```
tail -n 5 log/update_populate.log
```

更新的日誌內容如下

```
2024-06-11 08:10:01,577 - DBUpdater - INFO    - =============================
2024-06-11 08:10:01,577 - DBUpdater - INFO    - Update
2024-06-11 08:10:01,577 - DBUpdater - INFO    - Tue 11 June 2024 08:10
2024-06-11 08:10:01,577 - DBUpdater - INFO    - =============================
2024-06-11 08:12:41,949 - DBUpdater - INFO    - Skipping non-configured
source: cpeother
```

更新完 CVE 資料庫之後，我們可以進入 MongoDB 看看同步了那些東西。

```
sudo mongosh
test> use cvedb
switched to db cvedb
cvedb> show tables
capec
cpe
cpeother
cves
cwe
info
mgmt_blacklist
mgmt_whitelist
schema
via4
```

❯❯ 重新初始化資料

通常只有在 CVE-Search 中添加新的屬性解析時才需要進行操作。

```
./sbin/db_updater.py -v -f
```

≫ 配置網頁服務器

CVE-Search 假設了應用程序的某些方面配置，若您想要修改預設的配置，建議將 configuration.ini.sample 複製到 configuration.ini 再進行相應的調整。

```
cp etc/configuration.ini.sample etc/configuration.ini
vi etc/configuration.ini
```

配置內容如下，記得將 Host 的 127.0.0.1 調整成 0.0.0.0。

```
[Webserver]
Host: 0.0.0.0
Port: 5000
Debug: True
PageLength: 50
LoginRequired: False
OIDC: False
CLIENT_ID: xx
CLIENT_SECRET: xx
IDP_DISCOVERY_URL: xx
SSL_VERIFY: False
SSL: True
Certificate: ssl/cve-search.crt
Key: ssl/cve-search.key
WebInterface: Full
MountPath: /MOUNTY/MC/MOUNT
```

手動啟動網頁伺服器

```
python3 web/index.py
```

按 Control + C 即可停止

```
2023-03-23 11:27:03,571 - lib.Authentication - WARNING  - Could not find
auth loader file!
2023-03-23 11:27:03,595 - __main__ - INFO    - Running version: 4.2.1.dev23
2023-03-23 11:27:03,782 - __main__ - INFO    - Running async mode: gevent
2023-03-23 11:27:03,782 - __main__ - INFO    - Server starting...
^CKeyboardInterrupt
```

>> 註冊服務

每次都透過下指令的方式啟動太麻煩了,可以配置 systemd 將 CVE-Search Web 作為服務運行。

```
sudo vi /etc/systemd/system/cvesearch.web.service
```

添加以下內容

```
[Unit]
Description=CVE-Search Web Server
Requires=mongod.service
After=network.target mongod.service
Documentation=https://cve-search.github.io/cve-search/webgui/webgui.html
[Service]
WorkingDirectory=/home/azureadmin/cve-search
ExecStart=python3 ./web/index.py
User=azureadmin
Type=simple
SyslogIdentifier=cvesearch.web
Restart=always
RestartSec=5
[Install]
WantedBy=multi-user.target
```

啟動 CVE-Search Web 服務

```
sudo service cvesearch.web start
```

檢查 CVE-Search Web 服務狀態

```
sudo service cvesearch.web status
```

開機時執行 CVE-Search Web 服務

```
sudo systemctl enable cvesearch.web
```

瀏覽 http://your_cve_server_ip:5000

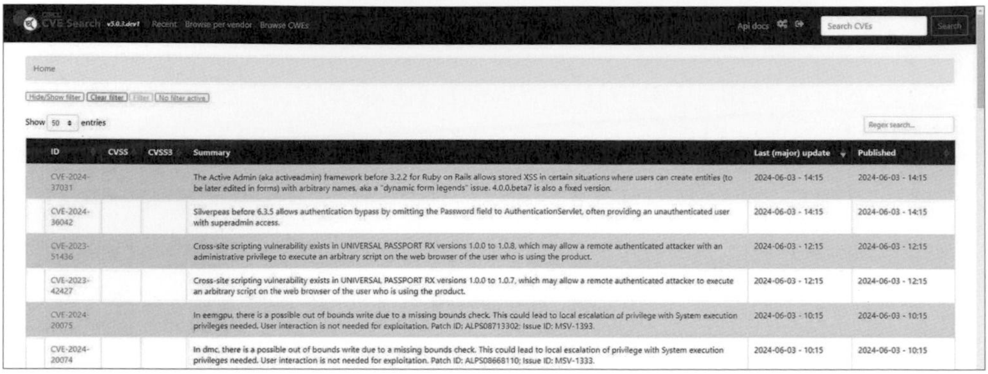

圖 3-8　CVE-Search

我們可以透過網頁或命令行介面使用，使用 CVE Search 可以幫助安全專業人員更快速地查找漏洞相關資訊，以便進行漏洞分析、風險評估和安全修補等工作。

圖 3-9　CVE-Search 管理介面

瀏覽管理介面 http://your_cve_server_ip:5000/admin，可以檢視目前資料庫的更新狀態，並手動執行 CVE 資料庫更新。

瀏覽 API 介面 http://your_cve_server_ip:5000/api

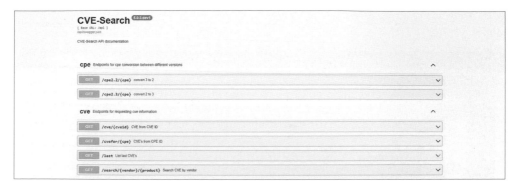

圖 3-10　CVE-Search API

可以透過 Postman 呼叫 API 依照供應商搜尋相關的 CVE 資訊。

圖 3-11　Postman API Platform

如果你發現重開機後嘗試更新資料庫時發生錯誤，請參考下列連結進行排除。

Client sent AUTH, but no password is set

https://pse.is/62z8v9

我們可以在右上方輸入「CVE 編號」進行搜尋，例如 CVE-2024-5311。

圖 3-12　Details for CVE-2024-5311

除了可以透過 CVSS 分數來了解該 CVE 的嚴重程度，以 ISO 27001 的要求來說，我們還需要針對該 CVE 進行分析以判斷是否進行弱點修補作業與殘餘弱點之安全管理作業等相關規範。

可以根據 CVE-Search 所提供的該 CVE 對於存取與影響這兩種面向的相關指標來進行簡單的分析。

- 存取向量（Access Vector）

- 存取複雜性（Access Complexity）

- 存取認證（Access Authentication）

- 機密性影響（Confidentiality Impact）

- 完整性影響（Integrity Impact）

- 可用性影響（Availability Impact）

實戰心得

CVE-Search 是去同步 NIST NVD 的資料庫，以 CVE-2024-5311 為例，此為 TWCERT/CC 台灣電腦網路危機處理暨協調中心所通報，也就是說我們的威脅情資來源也是有包含台灣的資安單位。

關於存取面向的指標說明如下。

存取向量（Access Vector）說明：

指標值	描述
Local(L)	僅透過本機存取即可利用的漏洞，要求攻擊者具有對易受攻擊的系統的實體存取權或本機帳戶。
Adjacent Network(A)	透過相鄰網路存取可利用的漏洞，要求攻擊者有權存取易受攻擊的軟體的廣播域或衝突域。
Network(N)	可透過網路存取利用的漏洞，意味著易受攻擊的軟體綁定到網路堆疊，攻擊者不需要本地網路存取或本地存取。

存取複雜性（Access Complexity）說明：

指標值	描述
High(H)	有特殊的條件或對社交工程方法的要求，這些方法很容易被知識淵博的人注意到。
Medium(M)	對於攻擊還有一些額外的要求，例如對攻擊來源的限制，或要求易受攻擊的系統以不常見的非預設配置運作。
Low(L)	利用該漏洞沒有特殊條件，例如系統可供大量使用者使用或易受攻擊的配置普遍存在時。

存取認證（Access Authentication）說明：

指標值	描述
Multiple(M)	利用該漏洞需要攻擊者進行兩次或多次身份驗證，即使每次使用相同的憑證也是如此。
Single(S)	攻擊者必須進行一次身份驗證才能利用漏洞。
None(N)	攻擊者不需要進行身份驗證。

關於影響面向的指標說明如下。

機密性影響（Confidentiality Impact）說明：

指標值	描述
None(N)	對系統的保密性沒有影響。
Partial(P)	資訊揭露量很大，但損失範圍有限，並非所有數據均可取得。
Complete(C)	存在全面的資訊揭露，提供對系統上任何／所有資料的存取。

完整性影響（Integrity Impact）說明：

指標值	描述
None(N)	對系統的完整性沒有影響。
Partial(P)	可以修改某些資料或系統文件，但修改的範圍是有限的。
Complete(C)	系統完整性受到徹底損害。系統保護完全喪失，導致整個系統受到損害。攻擊者能夠修改目標系統上的任何檔案。

可用性影響（Availability Impact）說明：

指標值	描述
None(N)	對系統的可用性沒有影響。
Partial(P)	性能下降或某些功能損失。
Complete(C)	受影響的資源完全關閉，攻擊者可以使資源完全不可用。

3.3 ▶ 如何在 OCS Inventory 使用 CVE 報告

上一節已經教大家如何在 Ubuntu 20.04 安裝 CVE-Search 伺服器，接下來就要來講如何在 OCS Inventory 使用 CVE 報告，把每天盤點到的所有軟體與 CPE 幾十多萬筆的受漏洞影響的產品進行比對，然後告知您是哪些 CVE 漏洞與資訊。

先到選單的「Configuration」的「General Configuration」。

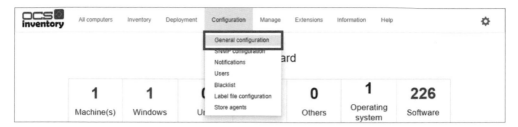

圖 3-13　OCS Inventory 儀表板

選擇「Server」頁面，開啟「Advance Configuration」。

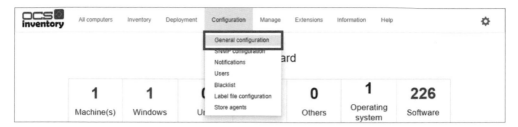

圖 3-14　Server Configuration

重新登入「CVE-Search Management」才會出現在「General Configuration」。

圖 3-15　**CVE-Search Management**

選擇 CVE-Search Management 頁面，依序調整如下：

- **VULN_CVESEARCH_ENABLE**：啟用 CVE Reporting

- **VULN_CVESEARCH_HOST**：填入 CVE-Search Host 的 URL

- **VULN_CVESEARCH_VERBOSE**：啟用 CVE Reporting 日誌功能

- **VULN_CVESEARCH_ALL**：啟用獲取所有軟體版本對應的 CVE

記得要到 CVE-Search 的網路安全性群組，允許 OCS Inventory 伺服器存取 5000 埠號，這樣 OCS Inventory 才能夠呼叫 CVE-Search 的 API。

≫ 執行 CVE 掃描

透過下列指令來對 OCS Inventory 盤點到的軟體進行 CVE 掃描。

```
cd /usr/share/ocsinventory-reports/ocsreports/crontab/
sudo php cron_cve.php
```

若是使用 Docker Compose 建置 CVE-Search 的朋友，網頁伺服器使用的是自簽憑證，需要修改一下 cron_cve.php 程式。

```
sudo vi /usr/share/ocsinventory-reports/ocsreports/crontab/cron_cve.php
```

把下列兩行取消註解即可。

```
// Uncomment if using a self-signed certificate on CVE server
//curl_setopt($curl, CURLOPT_SSL_VERIFYHOST, false);
//curl_setopt($curl, CURLOPT_SSL_VERIFYPEER, false);
```

掃描結果如下，需啟用 CVE Reporting 日誌功能才能看到喔。

```
                      Get software publisher ...
Software publisher OK ...
CVE treatment started ...
Please wait, CVE processing is in progress. It could take a few hours
Processing Adobe softwares ...
...
Processing Zabbix SIA softwares ...
0 CVE has been added to database
```

我的筆電好像有點強，不行這樣我得挖個洞。看來只好測試看看官方所演示的範例 CVE-2017–3813，該漏洞需要安裝 Cisco AnyConnect Secure Mobility Client 4.1.04011 版本，下載連結如下。

Download Cisco AnyConnect Secure Mobility Client
https://pse.is/633s3p

不過你會發現還是沒掃出來，開始懷疑這功能是不是壞掉了？

» CVE 正規表達式

在許多情況下，作業系統上的軟體資訊與發佈在 NIST NVD 的真實發布者名稱可能不匹配，從而導致 CVE 掃描無效。例如在 OCS Inventory 所抓到的軟體的發布者名稱為 Cisco Systems, Inc.。

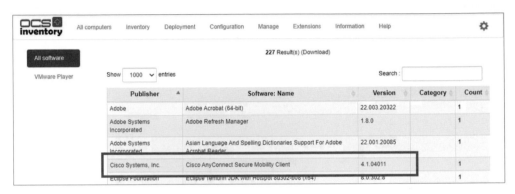

圖 3-16　All Software

但是在 NIST 的 NVD 官方參考，這不是正確的名稱。

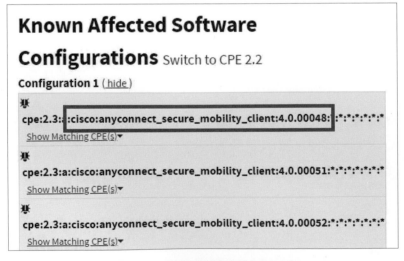

圖 3-17　CVE-2017-3813 Detail

因此 OCS Inventory 創建了一個匹配引擎使 CVE 掃描更可靠，允許更改或替換 CVE 掃描上的發布者與軟體名稱並將此功能視為字典，但僅針對 CVE 掃描。

》 新增 CVE 正規表達式

先到選單的「Manage」，點選「CVE Inventory」。

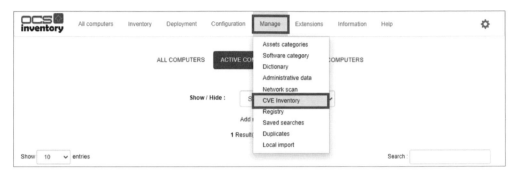

圖 3-18　OCS Inventory 儀表板

點選「New Matching Regex」，填入發布者與軟體名稱，點選「Send」。

圖 3-19　New Matching Regex

在「Match List」可以查看跟刪除剛剛建立的規則。

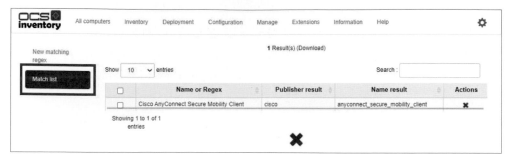

圖 3-20　Match List

重新掃描結果如下，可以看到掃到了 7 個 CVE 漏洞。

```
Please wait, CVE processing is in progress. It could take a few hours
CVE-2018-0100  has been referenced for Cisco AnyConnect Secure Mobility Client
CVE-2014-3314  has been referenced for Cisco AnyConnect Secure Mobility Client
CVE-2021-1258  has been referenced for Cisco AnyConnect Secure Mobility Client
CVE-2021-1519  has been referenced for Cisco AnyConnect Secure Mobility Client
CVE-2017-3813  has been referenced for Cisco AnyConnect Secure Mobility Client
CVE-2017-6638  has been referenced for Cisco AnyConnect Secure Mobility Client
CVE-2021-34788 has been referenced for Cisco AnyConnect Secure Mobility Client
...
7 CVE has been added to database
```

也就是說 CVE 字典的維護十分重要，這關係到 CVE 掃描的精準度。如前面所提的在導入 ISO 27001 的過程中，會建立所謂的軟體白名單進行管制，請確認白名單內的軟體發布者與名稱資訊與 NIST 的 NVD 一致。

NAME_REG	PUBLISH_RESULT	NAME_RESULT
7-Zip*	7-zip	7-zip
Adobe Acrobat (64-bit)	adobe	acrobat
Adobe Acrobat Reader - Chinese Traditional	adobe	acrobat_reader
Adobe Acrobat DC	adobe	acrobat_dc
Adobe Acrobat Reader DC	adobe	acrobat_reader_dc
OpenOffice*	apache	openoffice
Webex	cisco	webex_meetings
ESET Endpoint Antivirus	eset	endpoint_antivirus
FortiClient VPN	fortinet	forticlient_sslvpn_client
Google Chrome	google	chrome
Ivanti Secure Access Client*	ivanti	secure_access_client

圖 3-21　CVE Inventory CSV 範例

隨著 CVE 字典維護得越精確,你就會發現 CVE 掃描會消耗更多資源。以我的環境為例,掃描四千多筆軟體是否存在 CVE 漏洞大概要花兩個小時左右,其中 OCS Inventory 的 PHP 最高會占用約 6.7G 的記憶體,而 CVE-Search 的 Python 與 MongoDB 則分別占用 3.6G 與 5.6G 的記憶體,須注意記憶體不足導致掃描中斷的問題。

» CVE 報告

先到選單的「Inventory」,點選「CVE Reporting」。

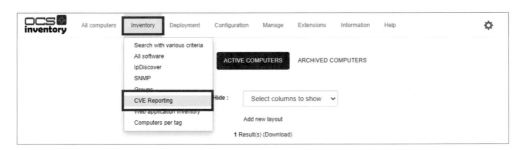

圖 3-22　OCS Inventory 儀表板

我們可以透過「By CVSS」CVSS 嚴重性評級來排序。

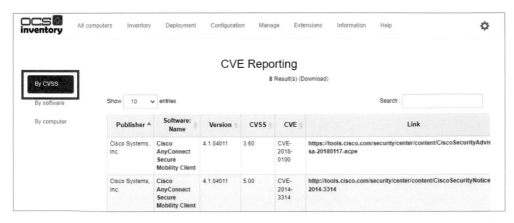

圖 3-23　By CVSS

或是使用「By Software」哪些軟體有漏洞來排序。

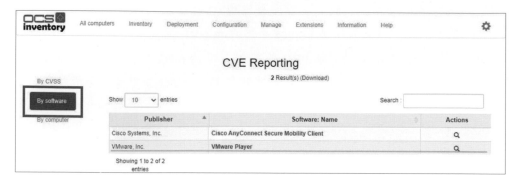

圖 3-24　By Software

也可以使用「By Computer」計算機的名稱來排序。

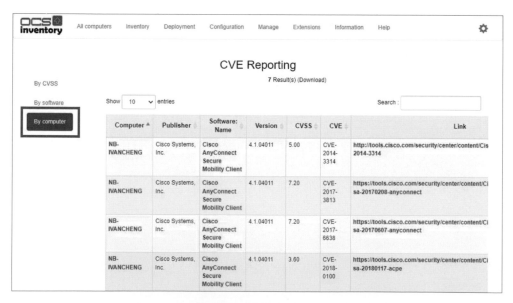

圖 3-25　By Computer

如果 By Computer 清單為空的，請執行 cron_cve_computer.php 進行更新。

```
cd /usr/share/ocsinventory-reports/ocsreports/crontab/
sudo php cron_cve_computer.php
```

≫ 設定 CVE 定期掃描排程

確定手動掃描都沒問題後，就可以設定每日定期掃描 CVE 漏洞。

```
sudo crontab -e
```

依照我的環境 cron_cve.php 大概需要花兩小時才能將所有電腦所安裝的軟體
掃描完畢，所以把 cron_cve_computer.php 安排在兩小時之後才進行。

```
00 10 * * * cd /usr/share/ocsinventory-reports/ocsreports/crontab/ && php
cron_cve.php
00 12 * * * cd /usr/share/ocsinventory-reports/ocsreports/crontab/ && php
cron_cve_computer.php
```

≫ 例外排除清單

如果公司某些無法汰換的舊系統使用到有漏洞的軟體版本，而且廠商也已經不
再維護，甚至已經倒閉了怎麼辦。如果我們已經透過某些手段讓該系統處於相
對安全的環境而且願意承擔這樣的風險，我們可以透過設定排除清單使其不要
在 CVE Reporting 顯示。

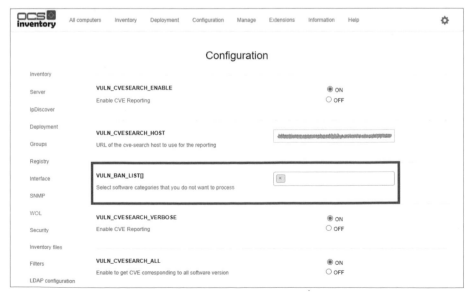

圖 3-26　**CVE-Search Management**

先到選單的「Manage」，點選「Software Category」。

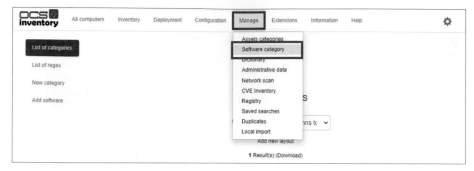

圖 3-27　Software Category

點選「New Category」頁面，填入軟體的名稱，點選「Send」。

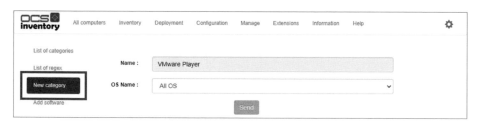

圖 3-28　New Category

點選「Add Software」頁面，設定版本資訊，點選「Send」。

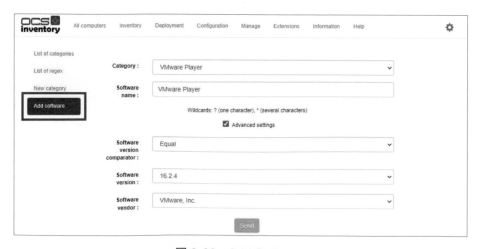

圖 3-29　Add Software

雖然已經設定完 Software Category，但仍需要等待下一次的盤點觸發才會被計算入，我們先手動重啟 OCS Inventory Service 來進行觸發。

圖 11-30　OCS Inventory Service

同樣的先手動執行更新 All Software 頁面想要看到統計資料。

```
cd /usr/share/ocsinventory-reports/ocsreports/crontab/
sudo php cron_all_software.php
```

回到選單「Inventory」的「All Software」頁面，可以看到 VMware Player 已經有 Count 數量產生，代表 Software Category 已經生效了。

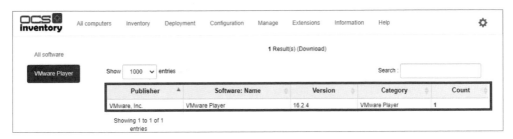

圖 3-31　VMware Player

回到「CVE-Search Management」頁面，排除清單新增一筆 VMware Player。

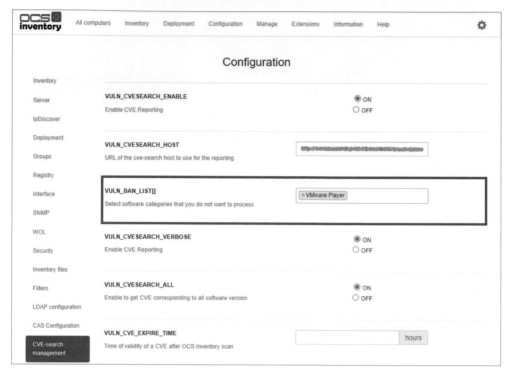

圖 3-32　CVE-Search Management

使用「By Software」來排序，可以看到 VMware Player 就被排除了。

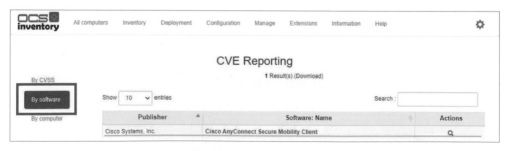

圖 3-33　By Software

大量部署代理程式後，再回頭來看 CVE Reporting 會更有感覺。

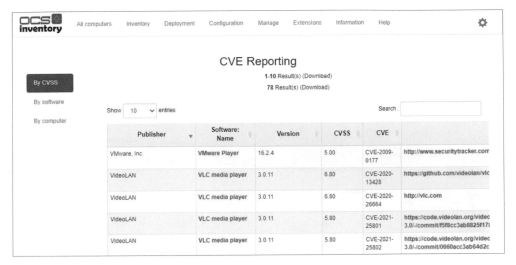

圖 3-34　**By CVSS**

數位發展部底下的國家資通安全研究院也有推出一套資通安全弱點通報系統
（Vulnerability Analysis and Notice System，簡稱 VANS），結合資訊資產管理
與弱點管理，協助機關落實資通安全管理法之資產盤點與風險評估應辦事項，
有興趣的朋友可以參考以下連結。

資通安全弱點通報機制 (VANS) 推廣教材

https://pse.is/634as8

3.4 ▶ 如何透過 Grafana 客製化 CVE Reporting

由於內建的 CVE Reporting 使用起來不是這麼的直觀，接下來教大家如何透過
Grafana 將 OCS Inventory CVE Reporting 視覺化。

圖 3-35　By CVSS

先到 Grafana 的「Configuration」，點選「Add New Data Source」。

圖 3-36　Grafana Configuration

選擇 MySQL Data Source 填寫相關連線資訊，點選「Save & Test」。

圖 3-37　Data Source

檢查您的 OCS Inventory 是否有開通 3306 埠號，允許 Grafana 的 IP 進行存取。

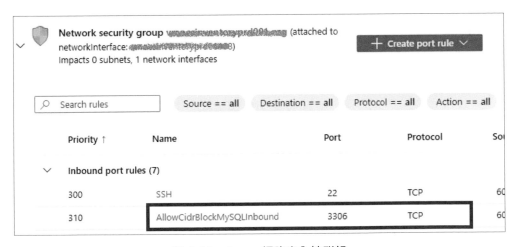

圖 3-38　Azure 網路安全性群組

還是無法順利連線的朋友，請檢查 ocs 帳號是否只允許 127.0.0.1 進行連線。

```
sudo mysql
MariaDB [(none)]> SHOW GRANTS for ocs;
```

可以透過下列指令給予權限

```
MariaDB [(none)]> GRANT ALL PRIVILEGES ON ocsweb.* TO 'ocs'@'%' WITH GRANT
OPTION;
MariaDB [(none)]> FLUSH PRIVILEGES;
```

建立一個 CVE Report 儀表板，點選「Setting」中的「Variables」。這是方便我們進行資料過濾，以 SOFTWARE_NAME 為例子。

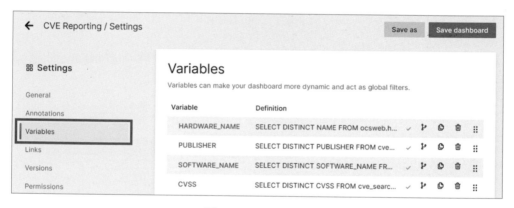

圖 3-39　Variables

General

- Variable Type 選擇 Query

- Name 輸入 SOFTWARE_NAME 當作變數名稱使用

- Label 輸入 Software 做為顯示名稱

Query Options

- Data Source 選擇您的 MySQL 資料庫

- Query 輸入如下

```
01. SELECT DISTINCT SOFTWARE_NAME FROM ocsweb.cve_search_computer;
```

- Sort 就依照個人喜好選擇

- Refresh 選擇 On dashboard load

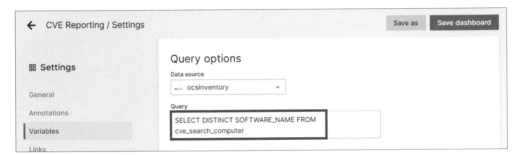

圖 3-40　**SOFTWARE_NAME**

Selection Options

- 勾選 Multi-value

- 勾選 Include All option

檢查 Preview of values 會出現變數的值，按下「Apply」即完成。

其他變數的語法可參考如下：

```
01. SELECT DISTINCT HARDWARE_NAME FROM ocsweb.cve_search_computer;
02. SELECT DISTINCT PUBLISHER FROM ocsweb.cve_search_computer;
03. SELECT DISTINCT CVSS FROM ocsweb.cve_search_computer;
```

儀表板就會多出了四個下拉欄位可以拿來搜尋，例如軟體名稱。

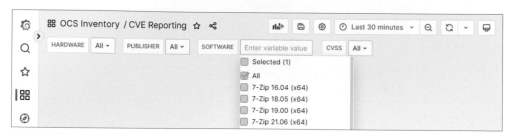

圖 3-41　SOFTWARE

接著我們新增一個 Table Panel，資料來源選擇「MySQL」。

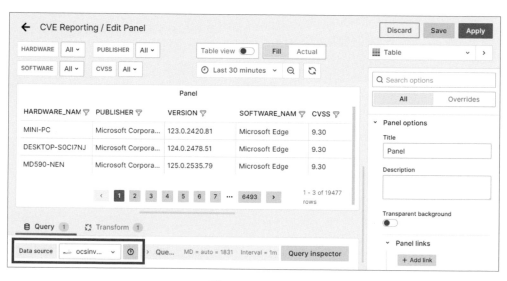

圖 3-42　Panel

輸入 SQL 語法如下，WHERE 條件帶入我們設定的變數。

```
01.  SELECT
02.      HARDWARE_NAME,
03.      PUBLISHER,
04.      VERSION,
05.      SOFTWARE_NAME,
06.      CVSS,
07.      CASE
08.          WHEN CVSS > 9 THEN 'Critical'
```

```
09.         WHEN CVSS > 7 THEN 'High'
10.         WHEN CVSS > 4 THEN 'Medium'
11.         WHEN CVSS > 0 THEN 'Low'
12.         ELSE 'None'
13.     END AS SEVERITY,
14.     CVE,
15.     LINK
16. FROM
17.     ocsweb.cve_search_computer
18. WHERE HARDWARE_NAME IN ($HARDWARE_NAME) AND SOFTWARE_NAME IN
    ($SOFTWARE_NAME) AND PUBLISHER IN ($PUBLISHER) AND CVSS IN ($CVSS)
19. ORDER BY CVSS DESC
```

就可以依照 CVSS 分數或者嚴重程度進行過濾。

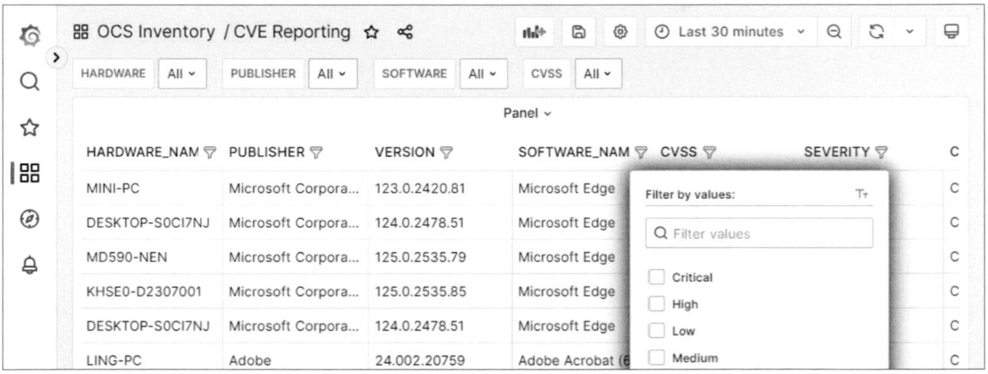

圖 3-43　Table Panel

新增一個 Pie Chart，資料來源選擇「MySQL」。

圖 3-44　Pie Chart

輸入 SQL 語法如下，WHERE 條件帶入我們設定的變數。

```
01.  SELECT
02.      SEVERITY,
03.      COUNT(*) AS COUNT
04.  FROM (
05.      SELECT
06.          CASE
07.              WHEN CVSS > 9 THEN 'Critical'
08.              WHEN CVSS > 7 THEN 'High'
09.              WHEN CVSS > 4 THEN 'Medium'
10.              WHEN CVSS > 0 THEN 'Low'
11.              ELSE 'None'
12.          END AS SEVERITY
13.      FROM
14.          ocsweb.cve_search_computer
15.      WHERE
16.          HARDWARE_NAME IN ($HARDWARE_NAME) AND
17.          SOFTWARE_NAME IN ($SOFTWARE_NAME) AND
18.          PUBLISHER IN ($PUBLISHER) AND CVSS IN ($CVSS)
19.  ) AS severity_counts
20.  GROUP BY SEVERITY
21.  ORDER BY SEVERITY
```

HARDWAR、PUBLISHER 與 SOFTWARE 的 SQL 語法可參考如下，請大家自行替換所需要的欄位名稱。

```
01.  SELECT HARDWARE_NAME, COUNT(HARDWARE_NAME)
02.  FROM ocsweb.cve_search_computer
03.  WHERE HARDWARE_NAME IN ($HARDWARE_NAME) AND SOFTWARE_NAME IN
     ($SOFTWARE_NAME) AND PUBLISHER IN ($PUBLISHER) AND CVSS IN ($CVSS)
04.  GROUP BY HARDWARE_NAME
```

經過以上設定，我們可以獲得一個包含詳細統計資訊且具備快速過濾功能的 CVE 儀表板，相較於 OCS Inventory 內建的 CVE 報告功能，不僅更直觀而且更實用。使用者也能夠根據特定需求快速篩選和檢視相關資訊。這不僅提升了安全管理的效率，也有助於更精確地識別和處理潛在威脅。

圖 3-45　CVE Report

3.5 ▶ 如何透過 Zabbix 監控 CVE 的數量

Zabbix 是一個開源的網路監控解決方案，專門設計來監控和追蹤網絡設備、伺服器、應用程序及其他 IT 資源的性能和可用性。Zabbix 的優勢在於其高度的靈活性和擴展性，支持大規模分佈式部署。它廣泛應用於各種規模的企業，從小型業務到大型企業的 IT 基礎設施管理。

身為專業的系統管理者不可能隨時盯著 CVE Report 來看是否有新的 CVE 被掃出來，因此我們可以使用 Zabbix 的 Database Monitor 透過 SQL Query 所回傳的資料來監控 OCS Inventory 的資料庫。

Zabbix ODBC monitoring
https://pse.is/635afx

» 開放式資料庫連接 ODBC

使用 APT 套件管理器在 Ubuntu/Debian 安裝 MySQL 資料庫驅動程式。

```
sudo apt install odbc-mariadb
```

ODBC 配置是透過編輯 odbcinst.ini 和 odbc.ini 檔案完成的，可以透過下列指令查詢設定檔位置。

```
odbcinst -j
```

設定檔位置如下

```
unixODBC 2.3.7
DRIVERS............: /etc/odbcinst.ini
SYSTEM DATA SOURCES: /etc/odbc.ini
FILE DATA SOURCES..: /etc/ODBCDataSources
USER DATA SOURCES..: /home/administrator/.odbc.ini
SQLULEN Size.......: 8
SQLLEN Size........: 8
SQLSETPOSIROW Size.: 8
```

編輯 odbcinst.ini 用於列出已安裝的 ODBC 資料庫驅動程式。

```
sudo vi /etc/odbcinst.ini
```

新增以下內容

```
[mysql]
Description=ODBC for MySQL
Driver=/usr/lib/x86_64-linux-gnu/odbc/libmaodbc.so
```

編輯 odbc.ini 用來定義資料來源

```
sudo vi /etc/odbc.ini
```

新增以下內容

```
[ocsinventory]
Description  = ocsinventory database
Driver       = mysql
Server       = your_ocsinventory_ip
User         = your_ocsinventory_user
Password     = your_ocsinventory_user_password
Port         = 3306
Database     = ocsweb
```

若要驗證 ODBC 連線是否成功運作，應測試與資料庫的連線。

```
administrator@zabbix:~$ isql ocsinventory
+---------------------------------------+
| Connected!                            |
| sql-statement                         |
| help [tablename]                      |
| quit                                  |
+---------------------------------------+
SQL> quit
```

>> Zabbix Frontend

接著我們就可以到 Zabbix 新增 Item 了。

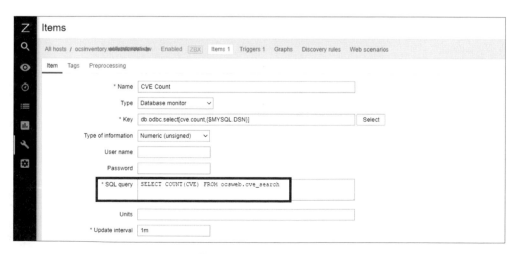

圖 3-46　**Zabbix Item**

對於資料庫監控項，需要輸入以下資訊：

- **Type**：Database monitor。

- **Key**：目前支援兩種項目。

- **db.odbc.select[< 唯一簡短描述 >,<dsn>,< 連接字串 >]**：此項目旨在傳回一個值，即 SQL 查詢結果第一行的第一列。

- **db.odbc.get[< 唯一簡短描述 >,<dsn>,< 連接字串 >]**：此項目能夠以 JSON 格式傳回多行 / 列，可以用在收集所有資料的主項，再透過預處理從 JSONPath 中提取單一值。

- **Type of information**：資料的類型，選擇 Numeric（Unsigned）。

- **SQL query**：輸入 SQL 查詢如下

```
01.  SELECT COUNT(CVE) FROM ocsweb.cve_search_computer
```

- **Update interval**：監控的頻率，設定 1h。

將 DSN 設定成巨集參數，方便將來可以重複使用。

圖 3-47　Host Marcos

從 Latest Data 可以看到資料已經進來了。

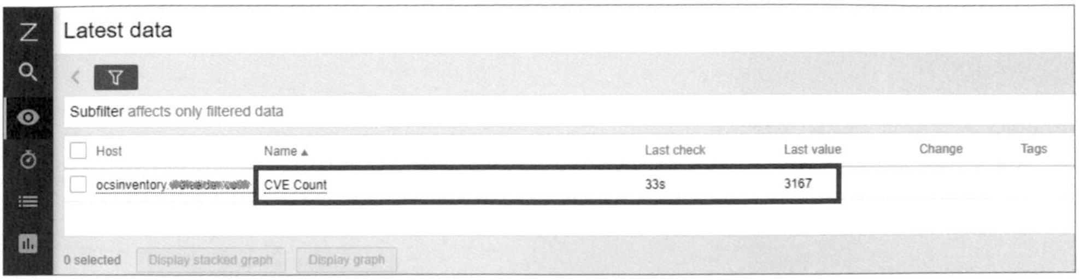

圖 3-48　**Latest Data**

設定 Trigger 監控 CVE 的數量若大於零，則發出警報。

圖 3-49　**Trigger**

透過 Line Notify 進行發送，觸發的通知訊息如下。

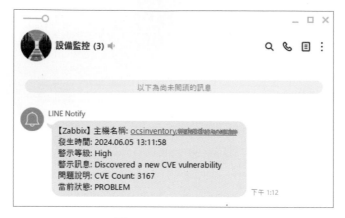

圖 3-50　Line Notify

我們整個資訊安全 CVE 漏洞通報的整體架構如下，供大家參考。

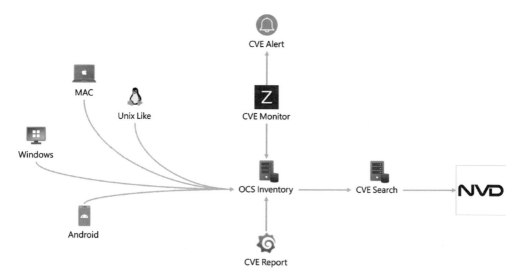

圖 3-51　OCS Inventory with CVE Search

大量部署

CHAPTER

4

4.1 ▶ 如何在 OCS Inventory 使用自簽憑證或 Let's Encrypt 保護 Apache

若您想要使用 OCS Inventory 的套件部署或者 IpDiscover 功能，代理程式在嘗試下載套件之前需要使用 SSL 來驗證部署服務器。因此，您需要安裝 SSL 證書以用於您的部署服務器。需要注意憑證有效期，因為自簽憑證必須安裝在每台運行代理程式的計算機上。當憑證到期時，您將必須在每台計算機上生成並部署新憑證。

≫ 使用自簽憑證（推薦使用）

透過下列指令安裝所需套件

```
sudo apt-get install openssl
```

先建立伺服器的私密金鑰

```
openssl genrsa -des3 -out server.key 2048
```

輸入保護金鑰的密碼，很重要不要忘掉。

```
Generating RSA private key, 2048 bit long modulus (2 primes)
```

```
.....................................................................+++++
Enter pass phrase for server.key: your_password
Verifying - Enter pass phrase for server.key:
```

將金鑰轉換成 RSA 格式

```
mv server.key server-old.key
openssl rsa -in server-old.key -out server.key
```

會要求您輸入金鑰的密碼

```
Enter pass phrase for server-old.key:
writing RSA key
```

產生憑證簽署要求 CSR

```
openssl req -new -key server.key -out server.csr
```

填寫憑證簽署要求的基本資料

```
Country Name (2 letter code) [AU]:TW
State or Province Name (full name) [Some-State]: Taiwan
Locality Name (eg, city) []: Kaohsiung
Organization Name (eg, company) [Internet Widgits Pty Ltd]: your_company_name
Organizational Unit Name (eg, section) []: your_unit_name
Common Name (e.g. server FQDN or YOUR name) []: your_host_name
Email Address []: your_email_address
Please enter the following 'extra' attributes
to be sent with your certificate request
A challenge password []:
An optional company name []:
```

透過下列命令即可生成 .pem 格式的憑證，憑證的有效期建議為一年。

```
openssl x509 -req -days 18250 -in server.csr -signkey server.key -out
server.pem
```

將憑證與金鑰放置到合適的位置，記得要備份它們喔。

```
sudo cp server.key /etc/ssl/private/
sudo cp server.pem /etc/ssl/certs/
sudo chmod 640 /etc/ssl/private/server.key
sudo chown root:ssl-cert /etc/ssl/private/server.key
```

啟用 Apache 的 SSL 模組與站台

```
sudo a2ensite default-ssl
sudo a2enmod ssl
```

調整一下 SSL 組態設定檔

```
sudo vi /etc/apache2/sites-available/default-ssl.conf
```

內容如下

```
#    SSL Engine Switch:
#    Enable/Disable SSL for this virtual host.
SSLEngine On
SSLCertificateKeyFile /etc/ssl/private/server.key
SSLCertificateFile /etc/ssl/certs/server.pem

#    A self-signed (snakeoil) certificate can be created by installing
#    the ssl-cert package. See
#    /usr/share/doc/apache2/README.Debian.gz for more info.
#    If both key and certificate are stored in the same file, only the
#    SSLCertificateFile directive is needed.
#SSLCertificateFile      /etc/ssl/certs/ssl-cert-snakeoil.pem
#SSLCertificateKeyFile /etc/ssl/private/ssl-cert-snakeoil.key
```

記得重啟 Apache 服務

```
sudo systemctl restart apache2
```

此時應該可以順利透過 HTTPS 連上管理介面。

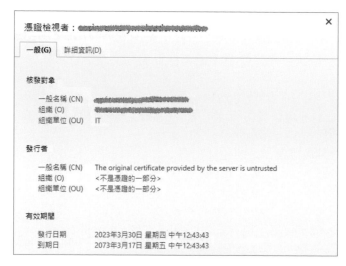

圖 4-1　檢視自簽憑證

» 使用 Snake Oil 自簽憑證

由於 Apache 的 mod_ssl 模組有內建一個 Snake Oil 的 Root CA，內有 Snake Oil CA 的 Private Key，所以我們也可以直接用 Snake Oil CA 的名義來簽發憑證。

透過下列指令安裝所需套件

```
sudo apt install ssl-cert
```

啟用 Apache 的 SSL 模組與站台

```
sudo a2ensite default-ssl
sudo a2enmod ssl
```

產生 Snakeoil 自簽憑證

```
sudo make-ssl-cert generate-default-snakeoil --force-owerwrite
```

產生的憑證與私鑰位置如下

```
sudo ls -l /etc/ssl/certs/ssl-cert-snakeoil.pem /etc/ssl/private/ssl-cert-
snakeoil.key
-rw-r--r-- 1 root root     1164 Mar 27 13:50 /etc/ssl/certs/ssl-cert-
snakeoil.pem
-rw-r----- 1 root ssl-cert 1704 Mar 27 13:50 /etc/ssl/private/ssl-cert-
snakeoil.key
```

確認一下 SSL 組態設定檔

```
sudo vi /etc/apache2/sites-available/default-ssl.conf
```

預設應該是開啟的，不需要特別調整。

```
#   SSL Engine Switch:
#   Enable/Disable SSL for this virtual host.
SSLEngine on
```

```
#    A self-signed (snakeoil) certificate can be created by installing
#    the ssl-cert package. See
#    /usr/share/doc/apache2/README.Debian.gz for more info.
#    If both key and certificate are stored in the same file, only the
#    SSLCertificateFile directive is needed.
SSLCertificateFile      /etc/ssl/certs/ssl-cert-snakeoil.pem
SSLCertificateKeyFile /etc/ssl/private/ssl-cert-snakeoil.key
```

記得重啟 Apache 服務

```
sudo systemctl restart apache2
```

順利透過 HTTPS 連上管理介面，預設 Snakeoil 自簽憑證的效期是十年。

圖 4-2　檢視 Snakeoil 自簽憑證

≫ 使用 Let's Encrypt 憑證

先決條件

- 登入您的外部 DNS 註冊一筆記錄，指向您的 OCS Inventory 伺服器。

- 防火牆記得開通 HTTP 與 HTTPS 的埠號。

為了使用 Let's Encrypt 獲得 SSL 憑證，我們需要安裝 Certbot 套件。

```
sudo apt-get install certbot python3-certbot-apache
```

由於我們要使用 standalone 的方式驗證，需要先關閉自己的 Apache 服務。

```
sudo service apache2 stop
```

Certbot 會啟動一個網頁的服務，並自動幫你在特定的路徑放上驗證檔進行
驗證。

```
sudo certbot certonly --standalone -d your_domain
```

填入您的電子郵件，用於緊急更新和安全通知。

```
Saving debug log to /var/log/letsencrypt/letsencrypt.log
Plugins selected: Authenticator standalone, Installer None
Enter email address (used for urgent renewal and security notices)
(Enter 'c' to cancel):
```

同意服務條款

```
Please read the Terms of Service at
https://letsencrypt.org/documents/LE-SA-v1.3-September-21-2022.pdf.
You must agree in order to register with the ACME server at
https://acme-v02.api.letsencrypt.org/directory
---------------------------------------
(A)gree/(C)ancel:
```

是否願意分享您的電子郵件地址，用於接收有關的新聞與活動。

```
Would you be willing to share your email address with the Electronic
Frontier Foundation, a founding partner of the Let's Encrypt project and
the non-profit organization that develops Certbot? We'd like to send you
email about our work encrypting the web, EFF news, campaigns, and ways to
support digital freedom.
---------------------------------------
(Y)es/(N)o:
```

成功畫面如下

```
Obtaining a new certificate
Performing the following challenges:
http-01 challenge for your_domain
Waiting for verification...
Cleaning up challenges

IMPORTANT NOTES:
 - Congratulations! Your certificate and chain have been saved at:
   /etc/letsencrypt/live/your_domain/fullchain.pem
   Your key file has been saved at:
   /etc/letsencrypt/live/your_domain/privkey.pem
   Your cert will expire on 2023-06-22. To obtain a new or tweaked
   version of this certificate in the future, simply run certbot
   again. To non-interactively renew *all* of your certificates, run
   "certbot renew"
 - If you like Certbot, please consider supporting our work by:

   Donating to ISRG / Let's Encrypt:   https://letsencrypt.org/donate
   Donating to EFF:                    https://eff.org/donate-le
```

憑證、中繼憑證及私鑰預設會擺在 /etc/letsencrypt/live

```
sudo ls /etc/letsencrypt/live/your_domain
README cert.pem  chain.pem  fullchain.pem  privkey.pem
```

檔案名稱	說明
cert.pem	申請網域的憑證
chain.pem	Let's Encrypt 的憑證
fullchain.pem	cert.pem 及 chain.pem 合併檔案
privkey.pem	申請網域的憑證密鑰

圖 4-3　Let's Encrypt 檔案名稱說明

啟用 Apache 的 SSL 模組與站台

```
sudo a2ensite default-ssl.conf
sudo a2enmod ssl
```

編輯 SSL 預設組態檔

```
sudo vi /etc/apache2/sites-available/default-ssl.conf
```

添加內容如下

```
#   SSL Engine Switch:
#   Enable/Disable SSL for this virtual host.
SSLEngine On
SSLCertificateFile /etc/letsencrypt/live/your_domain/cert.pem
SSLCertificateKeyFile /etc/letsencrypt/live/your_domain/privkey.pem
SSLCACertificateFile /etc/letsencrypt/live/your_domain/fullchain.pem
SSLCACertificatePath /etc/letsencrypt/live/your_domain
#   A self-signed (snakeoil) certificate can be created by installing
#   the ssl-cert package. See
#   /usr/share/doc/apache2/README.Debian.gz for more info.
#   If both key and certificate are stored in the same file, only the
#   SSLCertificateFile directive is needed.
#SSLCertificateFile      /etc/ssl/certs/ssl-cert-snakeoil.pem
#SSLCertificateKeyFile /etc/ssl/private/ssl-cert-snakeoil.key
```

重啟 Apache 服務

```
sudo systemctl restart apache2
```

此時應該可以順利透過 HTTPS 連上管理介面。

圖 4-4　檢視 Let's Encrypt 檢視憑證

Let's Encrypt 憑證到期前 30 天才能進行更新，Certbot 可以幫我們自動更新。

更新前需要關閉 Apache 服務，更新完畢後將其開啟。

```
sudo certbot renew --pre-hook "service apache2 stop" --post-hook "service
apache2 start"
```

告知我們目前還不需要更新

```
Saving debug log to /var/log/letsencrypt/letsencrypt.log
---------------------------------------
Processing /etc/letsencrypt/renewal/your_domain.conf
---------------------------------------
Cert not yet due for renewal
---------------------------------------
The following certs are not due for renewal yet:
  /etc/letsencrypt/live/your_domain/fullchain.pem expires on 2023-06-22
(skipped)
No renewals were attempted.
No hooks were run.
---------------------------------------
```

也可以使用下列指令進行測試，不會真的更新憑證。

```
sudo certbot renew --dry-run
```

確定更新憑證功能沒問題後，把它加入排程吧。

```
sudo crontab -e
```

因為我們有設定 Azure 虛擬機器每天早上八點跟下午六點自動開關機，所以這裡設定早上九點執行才不會跑了個寂寞。

```
30 8 * * * cd /usr/share/ocsinventory-reports/ocsreports/crontab/ && php
cron_all_software.php
00 9 * * * certbot renew --pre-hook "service apache2 stop" --post-hook
"service apache2 start"
00 10 * * * cd /usr/share/ocsinventory-reports/ocsreports/crontab/ && php
cron_cve.php
```

```
00 12 * * * cd /usr/share/ocsinventory-reports/ocsreports/crontab/ && php
cron_cve_computer.php
```

下一節我們來教大家如何使用 OCS Packager 封裝 Windows 代理程式，把之
前 Winupdate 與 Office Pack 外掛 Agent 所使用到的檔案連同憑證一起打包，
方便之後進行大量部署的動作喔。

參 考 資 料

1. https://wiki.ocsinventory-ng.org/05.Deployment/Deploying-packages-or-
   executing-commands-on-client-hosts

2. https://www.digitalocean.com/community/tutorials/how-to-use-
   certbot-standalone-mode-to-retrieve-let-s-encrypt-ssl-certificates-on-
   ubuntu-22-04

3. https://www.ztabox.com/knowledgebase_article.php

4. http://kejyun.github.io/Laravel-5-Learning-Notes-Books/hosting/hosting-
   install-lets-encrypt.html

5. https://letsencrypt.org/zh-tw/how-it-works

4.2 ► 如 何 使 用 OCS Packager 封 裝 Windows 代理程式

這一節來教大家如何使用 OCS Packager，把申請好的憑證與外掛程式打包成
一鍵安裝的程式來進行部署。

≫ 先決條件

在封裝代理程式前，請先確認以下事項。

- 知道計算機的網域或本機管理帳號與密碼

- 知道如何產生或獲取 SSL 憑證

» 下載 OCS Packager 封裝程式

Windows Packager 2.8(64 bits only)

https://pse.is/635neh

Windows Packager 2.3(32 bits)

https://pse.is/635nuk

請依照自己的版本下載 OCS Packager 的封裝程式。

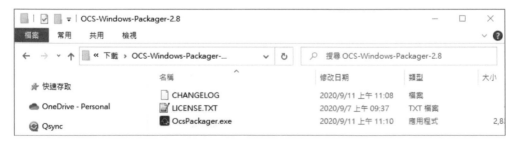

圖 4-5　OCS Packager

運行 OCS Packager 的過程會使用到，請先下載 PsTools 套件。

PSTools.zip

https://pse.is/635pk7

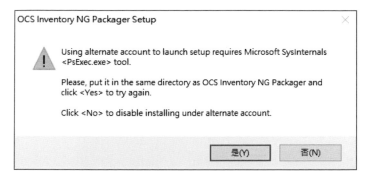

圖 4-6　PsTools

將其解壓縮並存放於 OCS Packager 目錄底下。

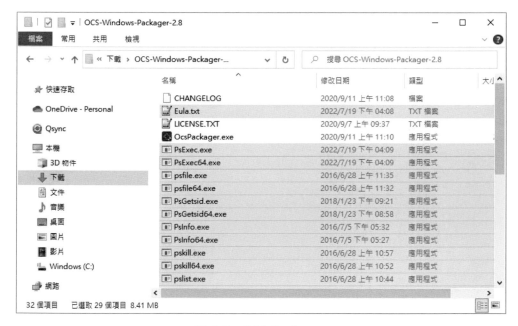

圖 4-7　OCS Packager

≫ 下載 Windows 代理程式

請依照自己的版本下載 Windows 的代理程式。

Windows Agent 2.9.1.0(64 bits)

https://pse.is/635qqb

Windows Agent 2.9.1.0(32 bits)

https://pse.is/635r9y

Windows Agent 2.10.1.0(64 bits)

https://pse.is/635s57

Windows Agent 2.10.1.0(32bits)

https://pse.is/635smr

比較舊的作業系統如 XP & 2003R2 only 請使用下列代理程式。

Windows Agent 2.1.1.1(XP & 2003R2 only)

https://pse.is/635t4t

≫ 封裝 Windows 代理程式

啟動 OcsPackager.exe 並接受許可協議，開始進行配置。

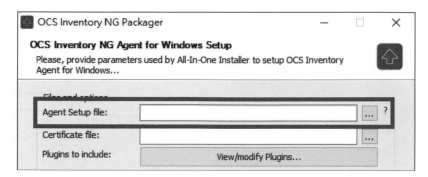

圖 4-8　OCS Packager

Agent Setup File

選擇剛下載的 OCS-Windows-Agent-Setup-x64.exe 檔案，此項為必填項。

圖 4-9　Windows Agent

Certificate File

您可以使用下列指令取得憑證檔案，並將其命名為 cacert.pem。

使用自簽憑證

```
cp /etc/ssl/certs/server.pem ~/cacert.pem
```

使用 Snakeoil 自簽憑證

```
cp /etc/ssl/certs/ssl-cert-snakeoil.pem ~/cacert.pem
```

使用公鑰基礎設施 PKI，例如 Let's Encrypt。

```
sudo cp /etc/letsencrypt/live/your_domain/cert.pem ~/cacert.pem
sudo chown $USER:$USER ~/cacert.pem
```

記得從 OCS Inventory 伺服器下載 cacert.pem，若想透過代理程式進行遠端部署套件的功能，則需要在此添加憑證檔案。

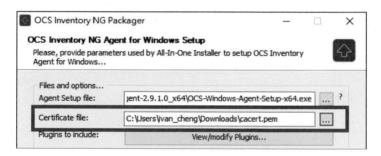

圖 4-10　OCS Packager

Plugin to Include

把之前安裝好的外掛程式檔案一起封裝進去，例如之前的 Officepack 與 Winupdate 外掛。

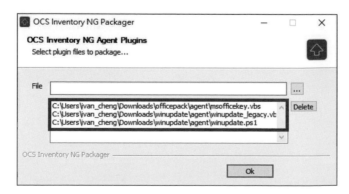

圖 4-11　OCS Packager

Command Line Options

若想要使用遠端部署功能，命令列如下。

```
/server=http://your_hostname/ocsinventory /ssl=1 /ca=cacert.pem /S /NO_
SYSTRAY /NOW /NOSPLASH /UPGRADE
```

不打算使用遠端部署功能，命令列如下。

```
/server=http://your_hostname/ocsinventory /S /NO_SYSTRAY /NOW /NOSPLASH /
UPGRADE
```

其它參數說明

- 指定 /S 選項，使用靜默模式進行安裝。

- 指定 /NO_SYSTRAY 選項，不要顯示右下角的 System Tray 圖示。

圖 4-12　System Tray

- 指定 /NOW 選項，安裝完會立刻進行一次盤點。

- 指定 /NOSPLASH 選項，安裝時不要顯示啟動畫面。

- 指定 /UPGRADE 選項，若是透過部署功能更新代理程式，因為您使用代理程式本身來運行升級，所以需要通知安裝程序以便在代理程式下次運行時將其結果發送回伺服器。

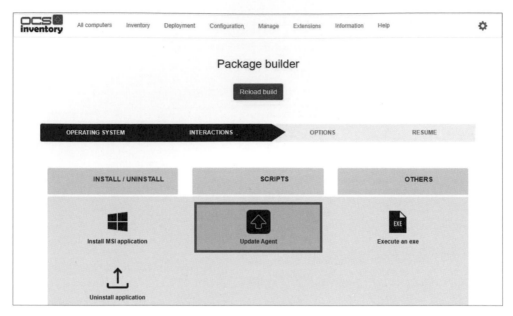

圖 4-13　Update Agent

Account Credentials to Run the Installation

輸入計算機的網域或本機管理帳號與密碼，填寫完上述欄位成後按下「Next」。

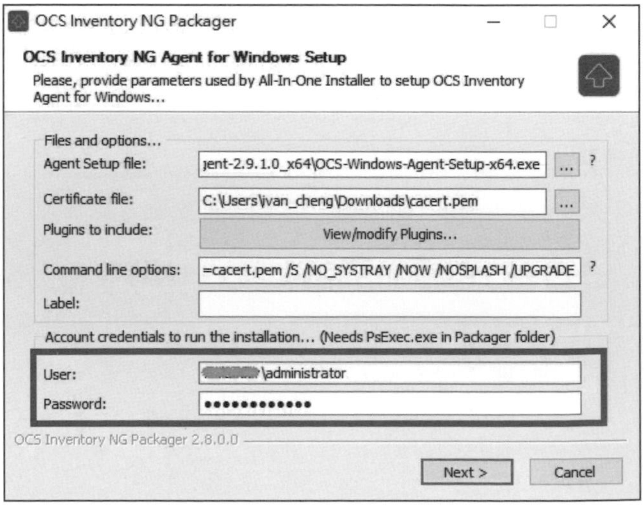

圖 4-14　OCS Packager

選擇封裝程式的存放路徑，這樣就封裝完畢了。

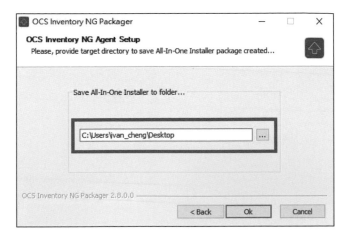

圖 4-15　OCS Packager

我們會得到一個封裝好的 OcsPackage.exe 程式，我習慣將其改名為 OcsPackage-WindowsAgent-2.9.1.0.exe。

≫ 安裝 Windows 代理程式

我們可以直接點擊 OcsPackage.exe 進行手動安裝，預設的安裝路徑為 C:\ Program Files\OCS Inventory Agent。

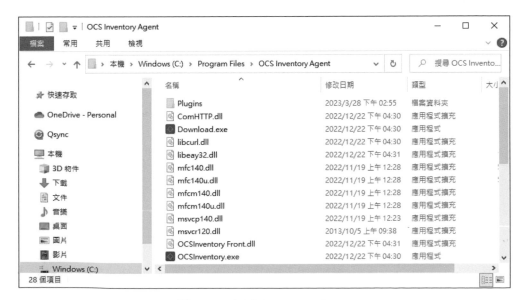

圖 4-16　OCS Inventory Agent

外掛檔案的路徑為 C:\Program Files\OCS Inventory Agent\Plugins

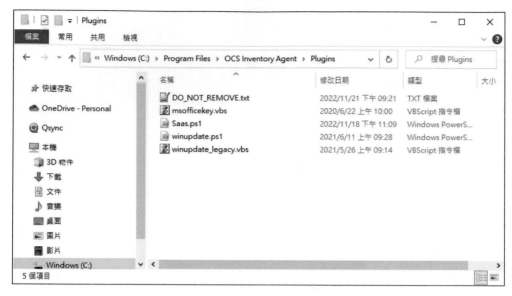

圖 4-17　OCS Inventory Agent

組態、憑證與日誌的路徑為 C:\ProgramData\OCS Inventory NG\Agent

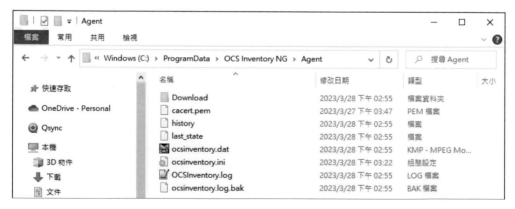

圖 4-18　ProgramData

最後，到管理介面確認設備的 Last inventory 時間也是正確的。

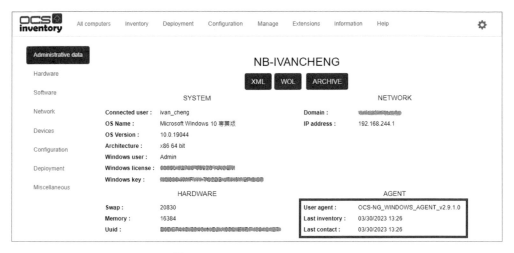

圖 4-19　Administrative Data

|參|考|資|料|

1. https://wiki.ocsinventory-ng.org/07.OCS-Tools/OCS-Windows-Packager

2. http://walter6.blogspot.com/2011/10/walter-ocs-inventory-ng-202-agents-how.html

3. https://learn.microsoft.com/zh-tw/sysinternals/downloads/pstools

4.3 ▶ 如何使用 Agent Deployment Tool 遠端部署封裝好的代理程式

上一節已經教大家如何使用 OCS Packager 封裝 Windows 代理程式，當然不可能叫大家一台一台安裝。接下來就來教大家如何使用 Agent Deployment Tool 遠端部署封裝好的代理程式。

運行 Agent Deployment Tool 的過程也是會使用到 PsTools 套件。

PSTools.zip

https://pse.is/635pk7

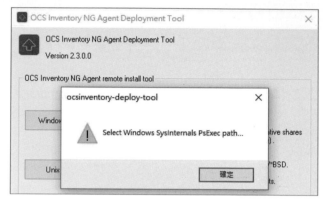

圖 4-20　PsTools

下載 Agent Deployment Tool 封裝程式，將其下載後解壓縮，執行 OCS-NG-Agent-Deployment-Tool-Setup.exe。

Agent Deployment Tool

https://pse.is/6366za

>> 安裝 Agent Deployment Tool

點選「Next」進行安裝

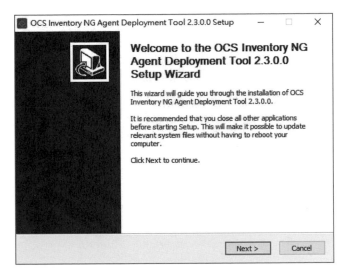

圖 4-21　Setup Wizard

接受許可協議，點選「I Agree」。

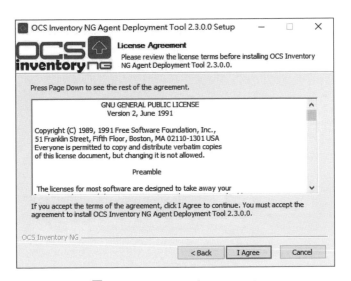

圖 4-22　License Agreement

選擇安裝的路徑，點選「Next」。

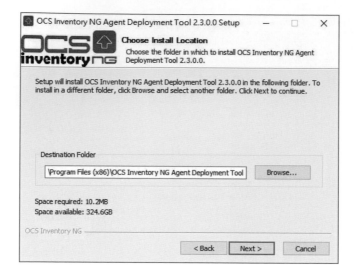

圖 4-23　Choose Install Location

預設即可，點選「Install」。

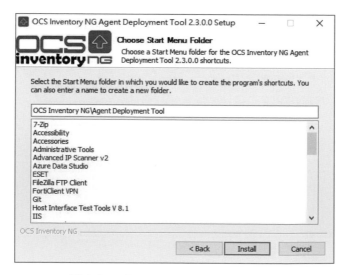

圖 4-24　Choose Start Menu Folder

點選「Finish」，並啟動 Agent Deployment Tool。

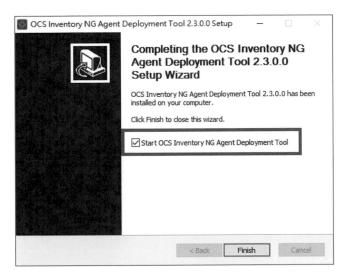

圖 4-25　Finish

≫ 使用 Agent Deployment Tool

點選「Options」，先設定 PsExec 路徑。

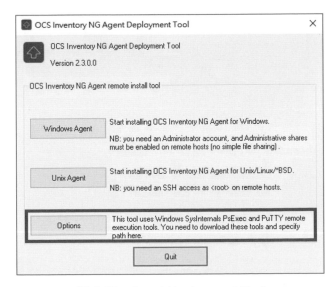

圖 4-26　Agent Deployment Tool

需要指定 PsExec 的存放路徑。

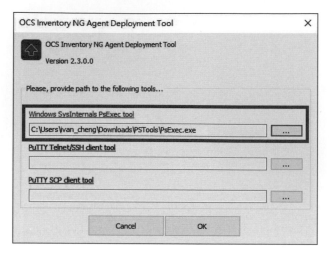

圖 4-27　Options

再點選「Window Agent」，選擇想要部署的 IP 範圍。

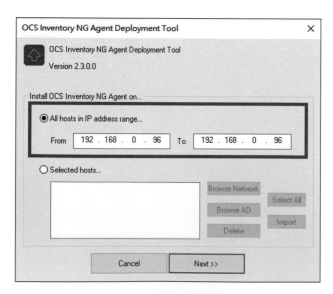

圖 4-28　IP Address Range

由於參數也封裝在裡面了，我們不需要再設定一次。在 Agent's Setup File 放入之前封裝好的代理程式，點選「Next」。

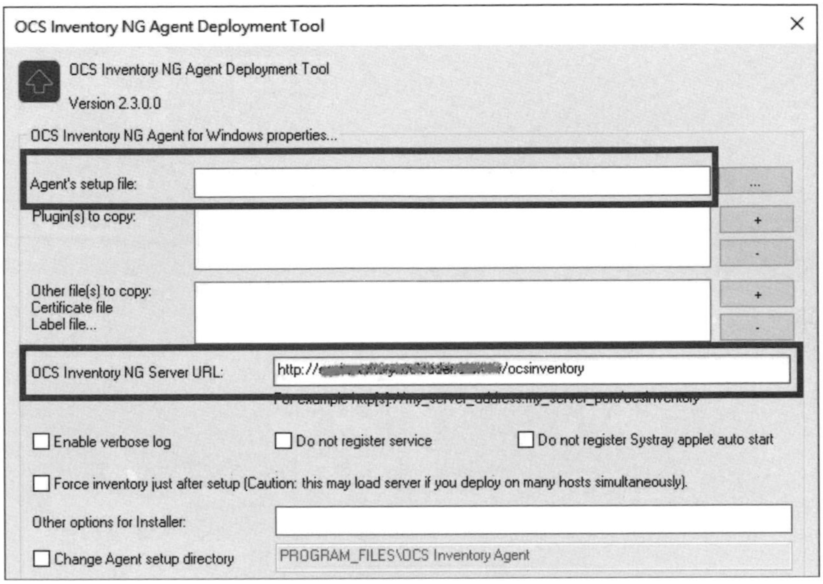

圖 4-29　Windows Properties

輸入計算機的網域或遠端管理帳號與密碼，點選「Next」。

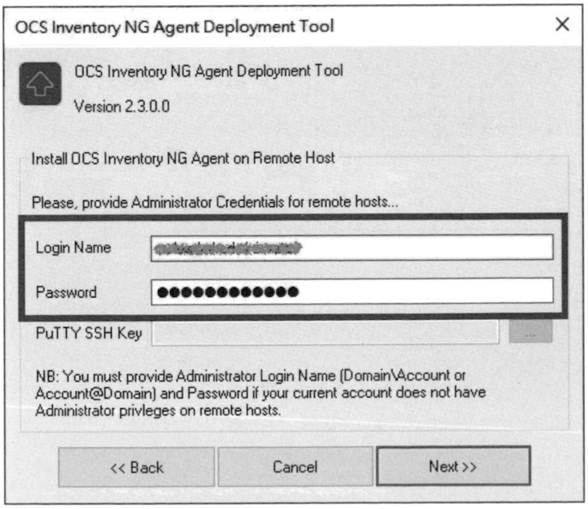

圖 4-30　Administrator Credentials

點選「Start」開始部署，馬上就出錯了，主要是防火牆設定的問題。

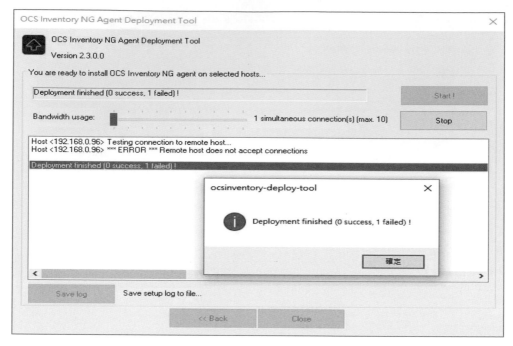

圖 4-31　Deployment

遠端的計算機防火牆需要開啟 445 埠號。

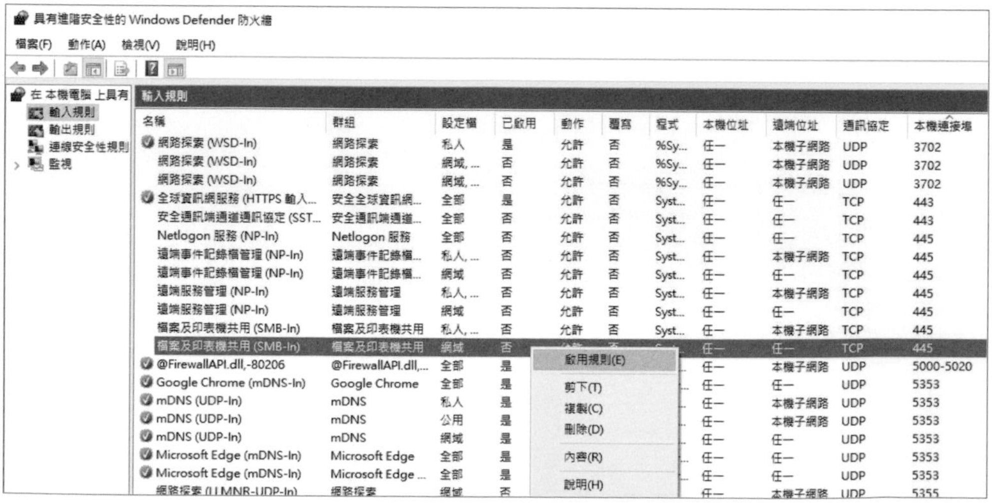

圖 4-32　Windows 防火牆

重新部署一次還是出錯,提示 Setup Log 找不到,檢查代理程式的確有安裝完畢。

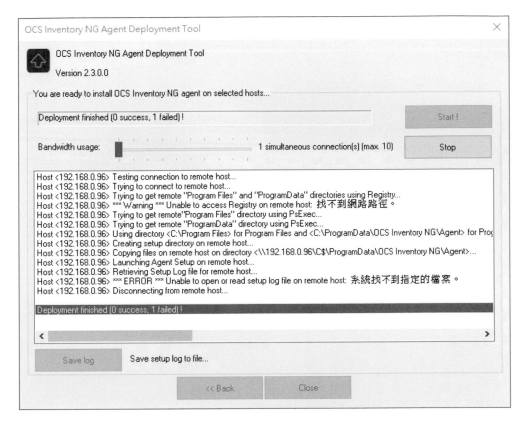

圖 4-33　Deployment

使用 Agent Deployment Tool 進行部署需要開啟的防火牆 445 埠號,除非您的防毒管理中心可以控制作業系統的防火牆政策,否則系統管理人員還是必須每台設備逐一安裝。若您的網路管理員不願意開通 VLan 之間可存取 445 埠號,那跨 VLan 的設備也無法透過 Agent Deployment Tool 進行部署了。

| 參 | 考 | 資 | 料 |

1. https://wiki.ocsinventory-ng.org/07.OCS-Tools/OCS-Inventory-NG-Agent-Deployement-Tool

2. http://walter6.blogspot.com/2011/10/walter-ocs-inventory-ng-202-agents-how.html

4.4 ▶ 如何建立 GPO 軟體派送封裝好的代理程式

另外一種簡單的派送方式就是透過 GPO，在使用者登入的時候去執行我們封裝好的代理程式，如果能打包成 MSI 檔案用軟體派送是再好不過的。

≫ 建立 GPO 軟體散佈

登入網域控制器，按下「開始」>「所有程式」>「系統管理工具」>「群組原則管理」。在網域名稱按右鍵，然後「新增組織單位」。

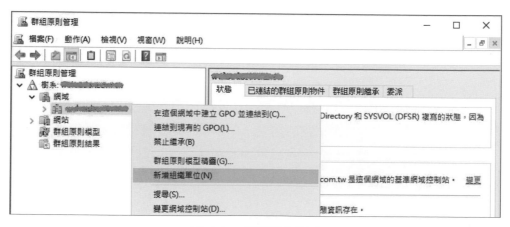

圖 4-34　群組管理原則

我們新增一個叫「測試單位」的 OU。

圖 4-35　新增組織單位

在新建的 OU 按下右鍵，點選「在這個網域中建立 GPO 並連結到」。

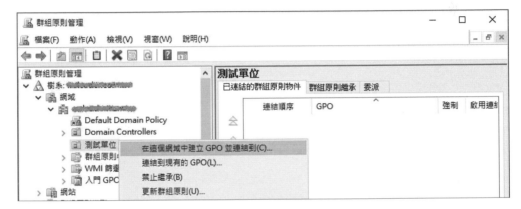

圖 4-36　群組管理原則

我們新建一個 GPO 叫「安裝 OCS Inventory」，點選「確認」。

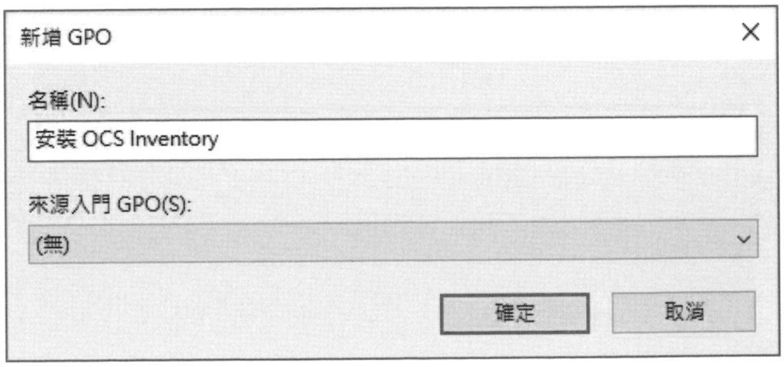

圖 4-37　新增 GPO

編輯剛剛新建的 GPO。

圖 4-38 編輯 GPO

「使用者設定」>「原則」>「Windows 設定」>「指令碼」>「登入」，按下右鍵「內容」。

圖 4-39 安裝 OCS Inventory GPO

點選下方的「顯示檔案」。

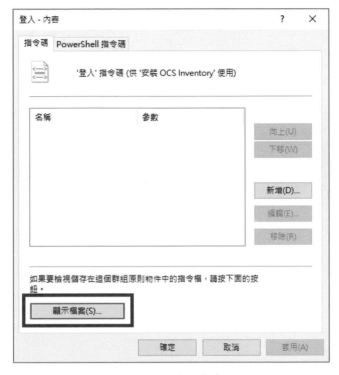

圖 4-40　登入內容

將封裝好的代理程式複製到這邊，此路徑為網路控制器所共享的資料夾。

圖 4-41　共享的資料夾

新增指令碼，選擇封裝好的代理程式。

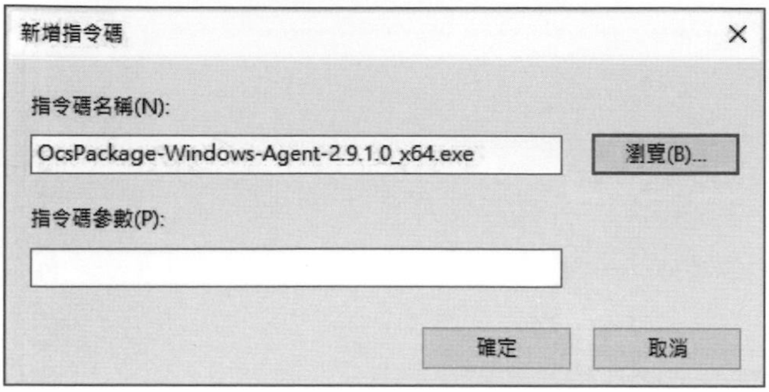

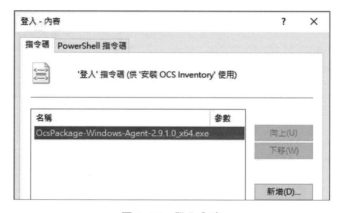

圖 4-42　新增指令碼

接著點選「確認」即可。

圖 4-43　登入內容

» 新增使用者到組織單位以安裝軟體

登入網域控制器，按下「開始」>「所有程式」>「系統管理工具」>「Active Directory 使用者和電腦」。

將使用者移動到組織單位以安裝軟體。

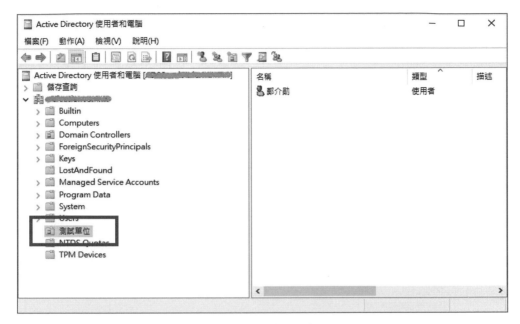

圖 4-44　測試單位

在用戶端電腦更新 GPO，開啟命令提示字元輸入 gpupdate。

圖 4-45　命令提示字元

我們先將代理程式移除後再重新登入，看起來 GPO 軟體派送有安裝成功。但這個做法有一個缺點，就是每次使用者登入設備都會重新安裝一次。

圖 4-46　應用程式與功能

比較好的方式是透過 PowerShell 進行安裝，「使用者設定」＞「原則」＞「Windows 設定」＞「指令碼」＞「登入」，按下右鍵內容。

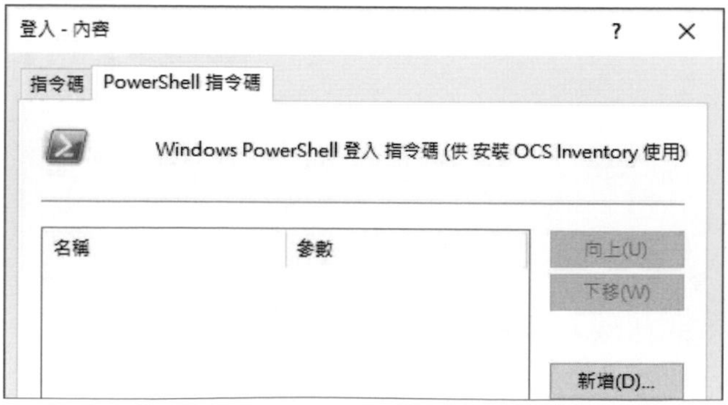

圖 4-47　登入內容

切換到 PowerShell 指令碼，點選下方的「顯示檔案」，將寫好的腳本複製到這邊。

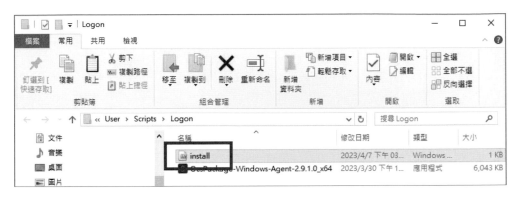

圖 4-48 共享的資料夾

程式碼請參考如下，將其儲存為 install.ps1。

```
01. $installPath = 'C:\Program Files\OCS Inventory Agent'
02. $packagePath = '\\your_UNC_share_folder\'
03. $packageName = 'OcsPackage-Windows-Agent-2.9.1.0_x64.exe'
04. $filePath = $packagePath+$packageName
05. # 不存在該路徑才進行
06. if (-not (Test-Path -Path $installPath)) {
07.     # 檔案存在才進行安裝
08.     if (Test-Path -Path $filePath -PathType Leaf) {
09.         start-process -FilePath $filePath
10.     }
11. }
```

新增 PowerShell 指令碼，選擇 install.ps1。

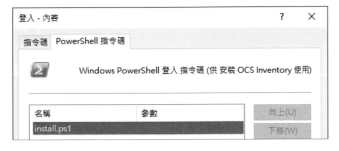

圖 4-49 登入內容

等待一段時間就可以看到使用者的電腦登錄進來了。

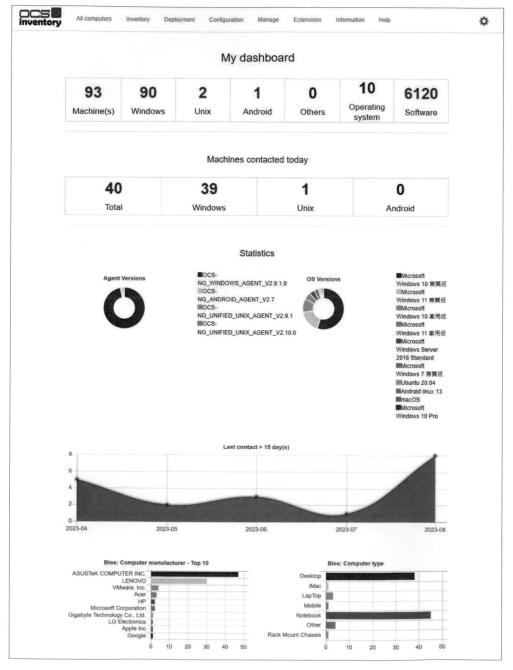

圖 4-50　OCS Inventory 儀表板

參考資料

1. https://wiki.ocsinventory-ng.org/03.Basic-documentation/Setting-up-the-Windows-Agent-2.x-on-client-computers

2. http://polinwei.blogspot.com/2015/05

3. https://activedirectorypro.com/deploy-software-exe-using-group-policy-part-2

4. https://techdocs.broadcom.com/tw/zh-tw/symantec-security-software/endpoint-security-and-management/endpoint-protection/all/appendices/installing-windows-clients-with-an-active-director-v8527856-d21e3377.html

Note

遠端部署功能

CHAPTER

5

5.1 ▶ OCS Inventory 遠端部署功能簡介

遠端部署是 OCS Inventory 中一個重要的功能，它可以協助管理者在遠端的計算機上部署軟體、更新驅動程式、設定系統參數等等。

遠端部署的主要功能如下：

- 遠端安裝與移除 MSI 應用程式

- 遠端執行 Windows 執行檔

- 遠端更新 OCS Inventory 代理程式

- 遠端執行 PowerShell 或批次腳本

- 遠端複製檔案到資料夾

≫ 必要條件

預設需要啟用 HTTPS，若 OCS Inventory 未配置 HTTPS，則不會發送部署套件。請參閱第四章的內容，替您的 OCS Inventory 配置 SSL 憑證。請注意，OCS Inventory 使用的憑證 CN 名稱與代理程式使用的完整網域名稱必須相同。

≫ 系統配置

到選單「Configuration」，點選「General Configuration」。

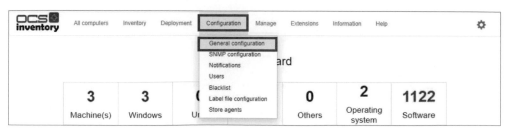

圖 5-1　OCS Inventory 儀表板

點選「Deployment」，將 DOWNLOAD 參數設置為 ON 來啟用 OCS Inventory 部署功能。

圖 5-2　Deployment Configuration

≫ 部署原理

為了讓大家更好的理解部署的參數，我們先進行部署原理的講解。

OCS Inventory 透過 PROLOG_FREQ 來控制 Windows 代理程式運行的頻率，預設代理程式將每隔 24 小時與 OCS Inventory 聯繫一次。

圖 5-3　Server Configuration

若您想要套件早點生效以進行部署，建議縮短 PROLOG_FREQ 的時間。

接下來我們用官方佈署圖型進行說明：

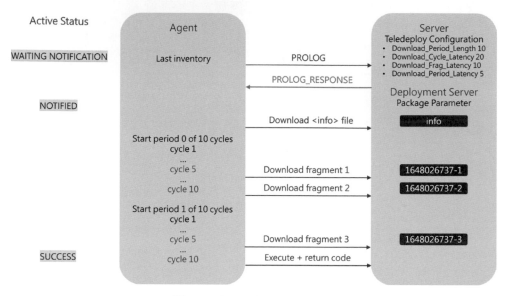

圖 5-4　Simplified Diagram

1. 根據 PROLOG_FREQ 的頻率聯繫 OCS Inventory，該動作稱為 PROLOG。

2. OCS Inventory 則根據 Teledeploy Configuration 進行回應。

3. 根據 Teledeploy Configuration 的設定，每個 Period 會有 10 個 Cycle，當 Cycle 的號碼能夠被 Priority 整除時便會開始執行動作。

4. Cycle 5 能被 Priority5 整除，代理程式開始跟 Deployment Server 下載套件的分段 1。

5. Cycle10 能被 Priority 5 整除，代理程式開始跟 Deployment Server 下載套件的分段 2。

6. 開始新一輪的 Period 計算。

7. Cycle 5 能被 Priority 5 整除，代理程式開始跟 Deployment Server 下載套件的分段 3。根據套件的 INFO 可以得知 FRAGMENT 為 3，代理程式便知道套件已經下載完成。

8. Cycle 10 能被 Priority 5 整除，代理程式開始執行指令安裝套件並回傳狀態結果。

關於 Cycle 與 Priority 之間的關聯，我已經幫大家整理好。

	Cycle 1	Cycle 2	Cycle 3	Cycle 4	Cycle 5	Cycle 6	Cycle 7	Cycle 8	Cycle 9	Cycle 10
Priority 0	X	X	X	X	X	X	X	X	X	X
Priority 1	X	X	X	X	X	X	X	X	X	X
Priority 2		X		X		X		X		X
Priority 3			X			X			X	
Priority 4				X				X		
Priority 5					X					X
Priority 6						X				
Priority 7							X			
Priority 8								X		
Priority 9									X	

圖 5-5　Detailed Diagram

警告：Priority 0 是一個特殊級別。除了擁有最高優先下載的權力，如果下載失敗，代理程式將重試下載而不檢查其他 Priority 的套件。

Priority 1 將會分別於 Cycle 執行，共 10 次。

Priority 2 將會分別於 Cycle 2, 4, 6, 8, 10 執行，共 5 次。

Priority 3 將會分別於 Cycle 3, 6, 9 執行，共 3 次。

Priority 4 將會分別於 Cycle 4, 8 執行，共 2 次。

Priority 5 將會分別於 Cycle 5, 10 執行，共 2 次。

Priority 6 以上只會執行 1 次。

OCS Inventory 透過設定套件的 Priority 以及 Cycle 的延遲時間，不但讓下載的網路流量進行分散，也讓重要的套件可以優先進行安裝。

≫ 部署參數

相信在說明完部署原理之後，再回來看這些參數設定就比較能理解了。

- **DOWNLOAD_CYCLE_LATENCY**：每個 Cycle 下載所有片段之後的延遲時間

- **DOWNLOAD_FRAG_LATENCY**：每個 FRAG 下載之後的延遲時間

- **DOWNLOAD_PERIOD_LATENCY**：每個 Period 結束之後的延遲時間

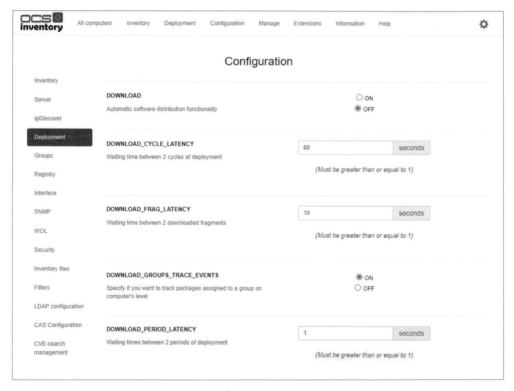

圖 5-6　Deployment Configuration

- **DOWNLOAD_TIMEOUT**：套件部署的有效期間預設為 30 天，超過則回傳 ERR_TIMEOUT 到 OCS Inventory

- **DOWNLOAD_PERIOD_LENGTH**：預設每個 Period 長度為 10 個 Cycle

- **DOWNLOAD_URI_FRAG**：指定套件分段的所在位置

- **DOWNLOAD_URI_INFO**：指定套件 INFO 文件的所在位置

圖 5-7　Deployment Configuration

以下 3 個參數僅在 OCS Inventory 2.9 之後可用。

圖 5-8　Deployment Configuration

- **DOWNLOAD_ACTIVATE_FRAG**：是否要將安裝套件切割成多個片段。

- **DOWNLOAD_RATIO_FRAG**：設定切割的大小，如果套件大小約 20MB，則套件將自動切割成 4 個片段。

- **DOWNLOAD_AUTO_ACTIVATE**：建立套件後是否直接啟用，而無需手動操作。

您可以透過減少 Cycle 數量來停止下載 Priority 高於此值的套件。例如 Cycle 設定為 5，則 Priority 6 以上的套件將會停止部署。

	Cycle 1	Cycle 2	Cycle 3	Cycle 4	Cycle 5			
Priority 0	X	X	X	X	X			
Priority 1	X	X	X	X	X			
Priority 2		X		X				
Priority 3			X					
Priority 4				X				
Priority 5					X			
Priority 6								
Priority 7								
Priority 8								
Priority 9								

圖 5-9　Detailed Diagram

本節簡單地闡述 OCS Inventory 遠端部署的系統配置與運作原理，下一節會教大家如何使用代理程式遠端安裝與移除 MSI 應用程式。

參考資料

1. https://wiki.ocsinventory-ng.org/05.Deployment/Configuration

2. https://wiki.ocsinventory-ng.org/05.Deployment/Deploying-packages-or-executing-commands-on-client-hosts/

5.2 ▸ 如何使用 OCS Inventory 代理程式遠端部署 MSI 應用程式

在開始如何使用代理程式遠端安裝 MSI 應用程式之前，我們需要先調整 PROLOG_FREQ 來控制 Windows 代理程式運行的頻率，預設代理程式將每隔 24 小時與 OCS Inventory 聯繫一次。

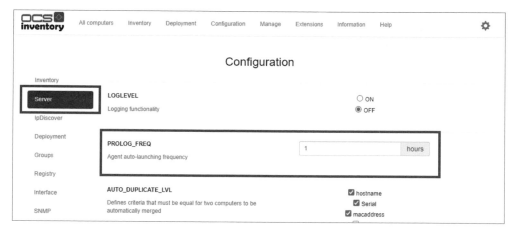

圖 5-10　Server Configuration

由於我們想要套件早點生效以進行部署，將 PROLOG_FREQ 設定為 1 小時。即為指派遠端部署後一小時便會生效並開始下載及安裝。

≫ 下載 MSI 應用程式

我們使用 Firefox 作為演示範例

 Deploy Firefox with MSI installers
https://pse.is/6384h7

圖 5-11　下載 Firefox MSI

建立套件

先到選單「Deployment」，點選「Build」。

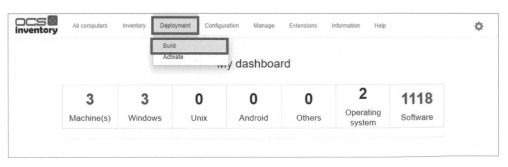

圖 5-12　OCS Inventory 儀表板

作業系統選擇「Windows」

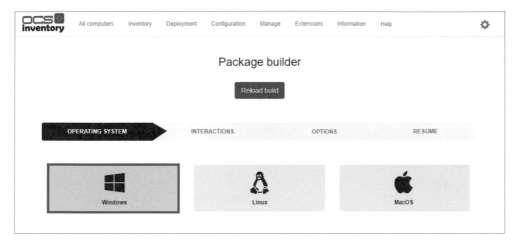

圖 5-13　**Package Builder**

選擇「Install MSI 應用程式」

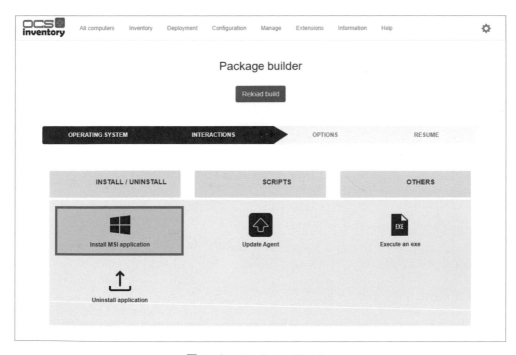

圖 5-14　**Package Builder**

安裝 MSI 應用程式

- **Package Name**：填入 Package Name（不可重複）

- **Description**：填入 Description

- **MSI File**：上傳 Firefox Setup 111.0.1.msi

- **Arguments**：MSI command line arguments（Optional）

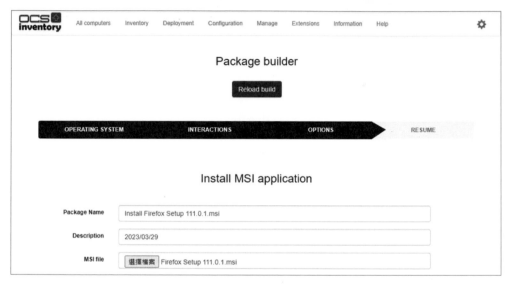

圖 5-15　Package Builder

若沒有特別填寫，預設參數如下。

- **Priority**：5

- **Action**：Execute

- **Protocol**：HTTP

- **Command**：msiexec /i application.msi { Arguments }

- **Notify User**：No

- **Notify can abort**：No

- **Notify can delay**：No

- **Need done action**：No

點選「Validate」，顯示套件建立成功。

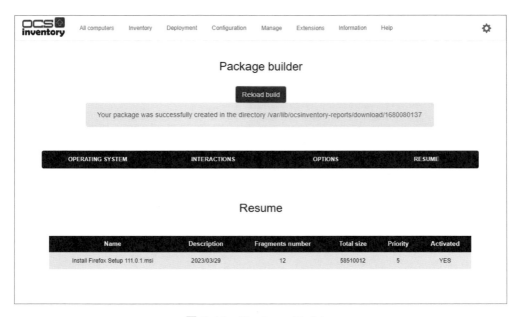

圖 5-16　Package Builder

由於 DOWNLOAD_RATIO_FRAG 設定為 5MB，所以自動切割成 12 個片段。

圖 5-17　Deployment Configuration

查看套件存放路徑

```
ll /var/lib/ocsinventory-reports/download/1680080137
-rw-r--r-- 1 www-data www-data 4875834 Mar 29 16:55 1680080137-1
-rw-r--r-- 1 www-data www-data 4875834 Mar 29 16:55 1680080137-10
-rw-r--r-- 1 www-data www-data 4875834 Mar 29 16:55 1680080137-11
-rw-r--r-- 1 www-data www-data 4875838 Mar 29 16:55 1680080137-12
-rw-r--r-- 1 www-data www-data 4875834 Mar 29 16:55 1680080137-2
-rw-r--r-- 1 www-data www-data 4875834 Mar 29 16:55 1680080137-3
-rw-r--r-- 1 www-data www-data 4875834 Mar 29 16:55 1680080137-4
-rw-r--r-- 1 www-data www-data 4875834 Mar 29 16:55 1680080137-5
-rw-r--r-- 1 www-data www-data 4875834 Mar 29 16:55 1680080137-6
-rw-r--r-- 1 www-data www-data 4875834 Mar 29 16:55 1680080137-7
-rw-r--r-- 1 www-data www-data 4875834 Mar 29 16:55 1680080137-8
-rw-r--r-- 1 www-data www-data 4875834 Mar 29 16:55 1680080137-9
-rw-r--r-- 1 www-data www-data     389 Mar 29 16:55 info
```

檢視一下套件 INFO 的內容

```
<?xml version="1.0" encoding="UTF-8"?>
<DOWNLOAD ID="1680080137" PRI="5" ACT="EXECUTE" DIGEST="c0fd9a32d735674944
a9b677e88a4631" PROTO="HTTPS" FRAGS="12" DIGEST_ALGO="MD5" DIGEST_ENCODE=
"Hexa" COMMAND="msiexec /i application.msi " NOTIFY_USER="0" NOTIFY_TEXT=""
NOTIFY_COUNTDOWN="" NOTIFY_CAN_ABORT="0" NOTIFY_CAN_DELAY="0" NEED_DONE_
ACTION="0" NEED_DONE_ACTION_TEXT="" GARDEFOU="rien" />
```

也可以直接在網頁上瀏覽

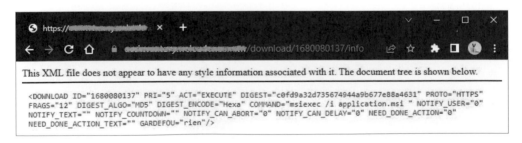

圖 5-18　XML

代理程式將透過套件的 INFO 來獲取所需的資訊。

- DOWNLOAD ID="1680080137"

- PRI="5"

- ACT="EXECUTE"

- PROTO="HTTPS"

- FRAGS="12"

- COMMAND="msiexec /i application.msi"

檢視啟用套件，先到選單「Deployment」，點選「Activate」。

圖 5-19　OCS Inventory 儀表板

在「Available Packages」頁面，點選剛剛建立的套件。

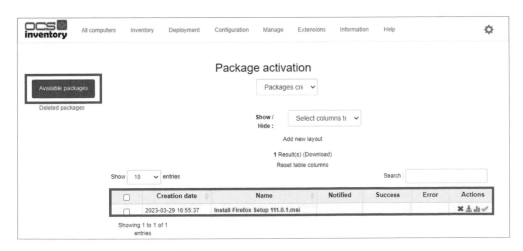

圖 5-20　Package Activation

該套件預計的部署時間為 1 小時 41 分，由距離下一次盤點的時間與下載套件所需的時間構成。

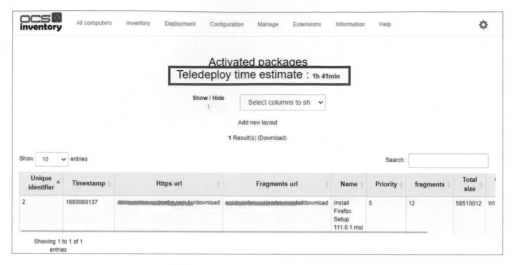

圖 5-21　Available Packages

若您想叫縮短遠端部署時間，建議的方式如下。

● 提升套件的優先權，在每個 Period 便會獲得更多下載的次數。

● 減少套件的分段大小，需要 Period 的數量便會降低，也有加速的效果。

在遠端部署套件之前，建議先檢查一下代理程式的組態設定是否正確。

預設路徑為 C:\ProgramData\OCS Inventory NG\Agent\ocsinventory.ini

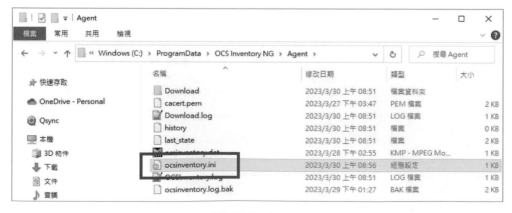

圖 5-22　Agent

需注意是否有設定 SSL 與 CaBundle 參數，以及是否有 cacert.pem 憑證。

```
[HTTP]
Server=http://your_ocsinventory_fqdn/ocsinventory
SSL=1
CaBundle=cacert.pem
AuthRequired=0
User=
Pwd=
ProxyType=0
Proxy=
ProxyPort=0
ProxyAuthRequired=0
ProxyUser=
ProxyPwd=
```

順便確認設定的 PROLOG_FREQ 是否已經改為 1 小時了，TTO_WAIT 代表下次 PROLOG 還要等待 3213 秒，約 53 分鐘。

```
[OCS Inventory Service]
PROLOG_FREQ=1
INVENTORY_ON_STARTUP=1
OLD_PROLOG_FREQ=1
TTO_WAIT=3213
```

>> 遠端部署套件

到計算機的「Deployment」，點選「Add Package」。

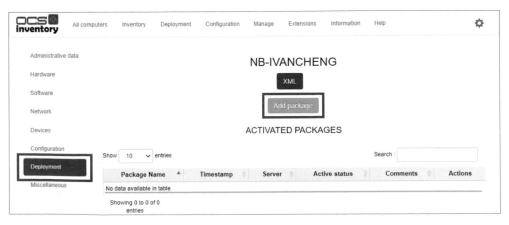

圖 5-23　Deployment

遠端部署進階選項選擇「NO」，點選「Validate」。

圖 5-24　**Packages on Computers**

勾選套件名稱，點選「Add Selected Packages」。

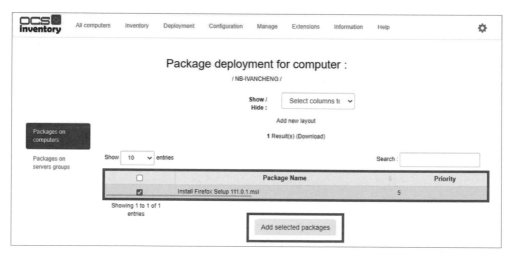

圖 5-25　**Packages on Computers**

遠端部署套件已成功指派。

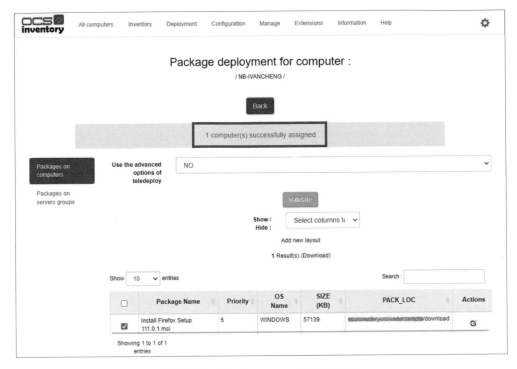

圖 5-26　**Packages on Computers**

到計算機的「Deployment」，確認部署狀態處於 WAITING。

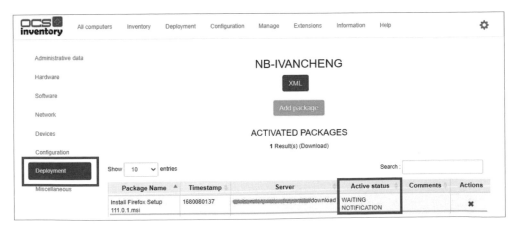

圖 5-27　**Deployment**

因為下次 PROLOG 還要等待 53 分鐘，如果不想等待可直接手動重啟服務。

圖 5-28　OCS Inventory Service

此時部署狀態已經變更為 NOTIFIED。

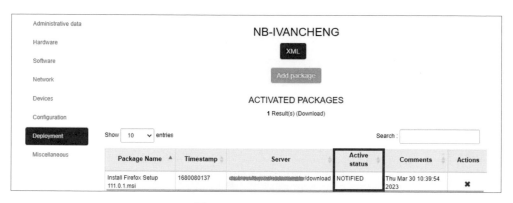

圖 5-29　Deployment

回到代理程式的下載路徑查看，已經將套件的 INFO 下載回來了。

- **since**：紀錄部署的時間戳

- **task**：紀錄尚未下載的片段

預設路徑為 C:\ProgramData\OCS Inventory NG\Agent\Download

圖 5-30　**Agent Download**

從代理程式的系統日誌可以查看，通訊伺服器要求進行套件下載。

套件 <1680080137> 加入下載佇列

預設路徑為 C:\ProgramData\OCS Inventory NG\Agent\OCSInventory.log

```
AGENT => Sending Prolog
AGENT => Prolog successfully sent
AGENT => Inventory required
AGENT => Launching hardware and software checks
AGENT => Sending Inventory
INVENTORY => Inventory changed since last run
ADMIN INFO => Couple ( TAG <=> NA ) added to configuration file
AGENT => Inventory successfully sent
AGENT =>  Communication Server asked for Package Download
DOWNLOAD => Package <1680080137> added to download queue
DOWNLOAD => Download and setup tool successfully started
AGENT => Unloading communication provider
AGENT => Unloading plug-in(s)
AGENT => Execution duration: 00:00:21.
```

等待一段時間便可以看到所有片段都下載回來了，大約花了 1 小時。

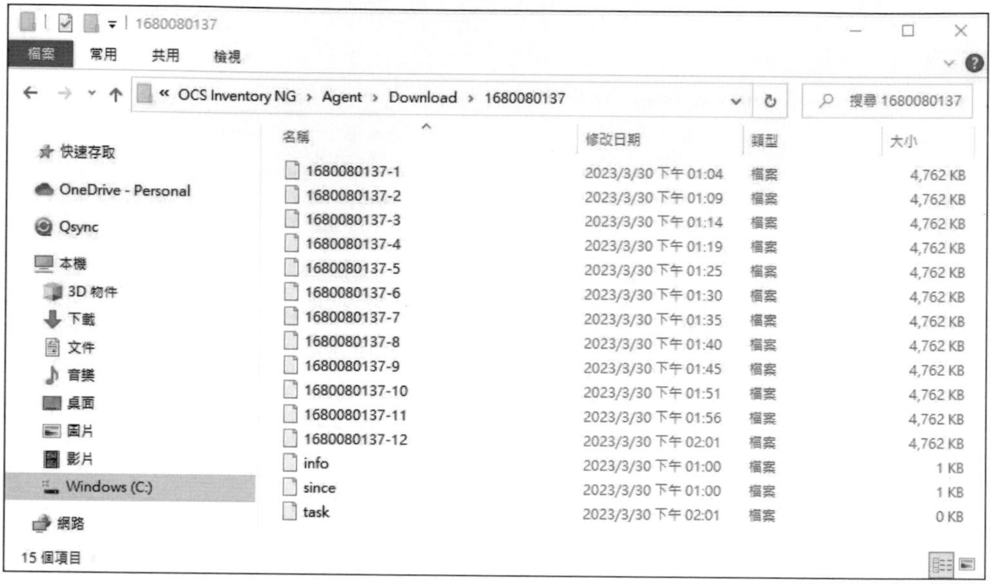

圖 5-31　Agent Download

由於我們使用預設的 Priority 5 進行部署，代理程式將會在每個 Period 的 Cycle 5 與 Cycle 10 進行下載。

	Cycle 1	Cycle 2	Cycle 3	Cycle 4	Cycle 5	Cycle 6	Cycle 7	Cycle 8	Cycle 9	Cycle 10
Priority 0	X	X	X	X	X	X	X	X	X	X
Priority 1	X	X	X	X	X	X	X	X	X	X
Priority 2		X		X		X		X		X
Priority 3			X			X			X	
Priority 4				X				X		
Priority 5					X					X
Priority 6						X				
Priority 7							X			
Priority 8								X		
Priority 9									X	

圖 5-32　Detailed Diagram

從代理程式的下載日誌可以驗證這一點。

預設路徑為 C:\ProgramData\OCS Inventory NG\Agent\Download.log

```
Starting OCS Inventory Package Download and Setup Tool on Thursday, March
30, 2023 13:00:17.
DOWNLOAD => Running OCS Inventory Download Version 2.9.1.0
DOWNLOAD => Using OCS Inventory FrameWork Version 2.9.1.0
DOWNLOAD => Using network connection with Communication Server
DOWNLOAD => Using Communication Provider <OCS Inventory cURL Communication
Provider> Version <2.9.1.0>
DOWNLOAD => Starting new period of 10 cycles
DOWNLOAD => Parsing directory <C:\ProgramData\OCS Inventory NG\Agent\
download> for packages
DOWNLOAD => Package <1680080137> verified and added to process queue
DOWNLOAD => Downloading package fragment <1680080137-1>
DOWNLOAD => Downloading package fragment <1680080137-2>
DOWNLOAD => Starting new period of 10 cycles
DOWNLOAD => Parsing directory <C:\ProgramData\OCS Inventory NG\Agent\
download> for packages
DOWNLOAD => Package <1680080137> verified and added to process queue
DOWNLOAD => Downloading package fragment <1680080137-3>
DOWNLOAD => Downloading package fragment <1680080137-4>
DOWNLOAD => Starting new period of 10 cycles
DOWNLOAD => Parsing directory <C:\ProgramData\OCS Inventory NG\Agent\
download> for packages
DOWNLOAD => Package <1680080137> verified and added to process queue
DOWNLOAD => Downloading package fragment <1680080137-5>
DOWNLOAD => Downloading package fragment <1680080137-6>
DOWNLOAD => Starting new period of 10 cycles
DOWNLOAD => Parsing directory <C:\ProgramData\OCS Inventory NG\Agent\
download> for packages
DOWNLOAD => Package <1680080137> verified and added to process queue
DOWNLOAD => Downloading package fragment <1680080137-7>
DOWNLOAD => Downloading package fragment <1680080137-8>
DOWNLOAD => Starting new period of 10 cycles
DOWNLOAD => Parsing directory <C:\ProgramData\OCS Inventory NG\Agent\
download> for packages
DOWNLOAD => Package <1680080137> verified and added to process queue
DOWNLOAD => Downloading package fragment <1680080137-9>
DOWNLOAD => Downloading package fragment <1680080137-10>
DOWNLOAD => Starting new period of 10 cycles
DOWNLOAD => Parsing directory <C:\ProgramData\OCS Inventory NG\Agent\
download> for packages
```

```
DOWNLOAD => Package <1680080137> verified and added to process queue
DOWNLOAD => Downloading package fragment <1680080137-11>
DOWNLOAD => Downloading package fragment <1680080137-12>
DOWNLOAD => Starting new period of 10 cycles
DOWNLOAD => Parsing directory <C:\ProgramData\OCS Inventory NG\Agent\
download> for packages
DOWNLOAD => Package <1680080137> verified and added to process queue
DOWNLOAD => Building package <1680080137>
DOWNLOAD => Executing action <EXECUTE> for package <1680080137>
DOWNLOAD => Sending result code <SUCCESS> for package <1680080137>
```

轉換成圖表如下，代理程式在 Period 1 到 Period 6 下載所有片段，直到 Period 7 將所的片段重組，並執行安裝與回傳 SUCCESS 狀態。

	Cycle 1	Cycle 2	Cycle 3	Cycle 4	Cycle 5	Cycle 6	Cycle 7	Cycle 8	Cycle 9	Cycle 10
Period 1					片段 1					片段 2
Period 2					片段 3					片段 4
Period 3					片段 5					片段 6
Period 4					片段 7					片段 8
Period 5					片段 9					片段 10
Period 6					片段 11					片段 12
Period 7					執行安裝					

圖 5-33　Detailed Diagram

❯❯ 檢視部署結果

回到計算機的「Deployment」，便可以看到套件安裝成功與安裝時間。

圖 5-34　Deployment

回到「Available Packages」，點選套件右下藍色的統計圖示。

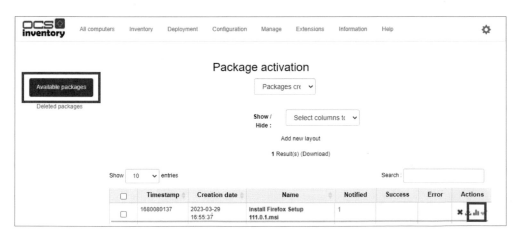

圖 5-35　Available Packages

可以看到該套件目前所有的部署狀態與計算機數量，以上就是在 OCS Inventory 代理程式遠端安裝 MSI 應用程式的詳細過程介紹。

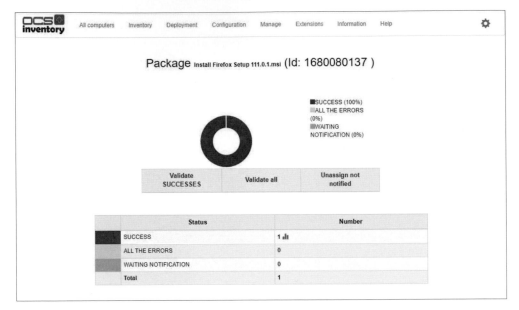

圖 5-36　Teledeploy Statistic

實戰心得

我們之所以偏好使用 MSI 檔案來進行軟體安裝，主要是因為所有的 MSI 安裝程式都是根據 Microsoft 的 Windows Installer 來進行配置的，預設支持靜默安裝並使用相同的參數。如果在安裝過程中途崩潰，安裝程式會自動反轉這些步驟並清除在失敗之前對系統所做的任何修改，包括刪除已複製的文件、添加的機碼等等。

5.3 ▶ 如何使用 OCS Inventory 代理程式遠端移除應用程式

既然有遠端部署就會有遠端移除的功能，這一節我們來介紹如何使用 OCS Inventory 遠端移除應用程式。

≫ 建立套件

先到選單「Deployment」，點選「Build」。

圖 5-37　OCS Inventory 儀表板

作業系統選擇「Windows」

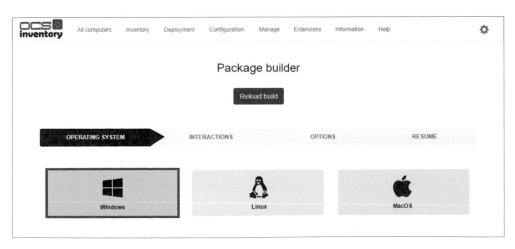

圖 5-38　Package Builder

選擇「Uninstall 應用程式」

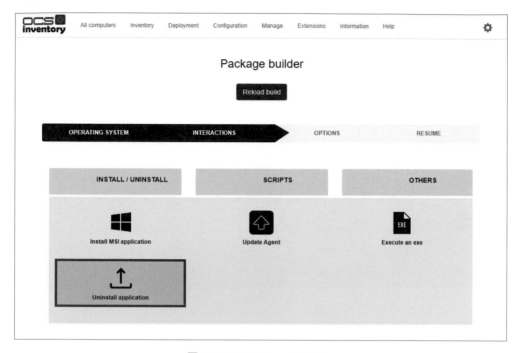

圖 5-39　Package Builder

填入想要移除的應用程式資訊

- **Package Name**：填入 Package Name（不可重複）

- **Description**：填入 Description

- **Application Identifier**：例如 Adobe Acrobat（64-bit）

- **Warn User**：No

使用系統管理員打開命令提示字元，透過下列指令找出應用程式的識別。

```
wmic product get name
Name
Adobe Acrobat (64-bit)
Microsoft .NET AppHost Pack - 5.0.17 (x64_x86)
Microsoft Azure Libraries for .NET - v2.9
```

```
Microsoft Windows Desktop Targeting Pack - 5.0.0 (x64)
SQL Server Management Studio
Microsoft Visual C++ 2013 x64 Minimum Runtime - 12.0.21005
FortiClient VPN
Microsoft ASP.NET Core 3.1.10 Targeting Pack (x64)
Visual Studio 2017 Isolated Shell for SSMS LangPack - 繁體中文
IntelliTraceProfilerProxy
TypeScript SDK
Microsoft .NET Framework 4.6 Targeting Pack
...
```

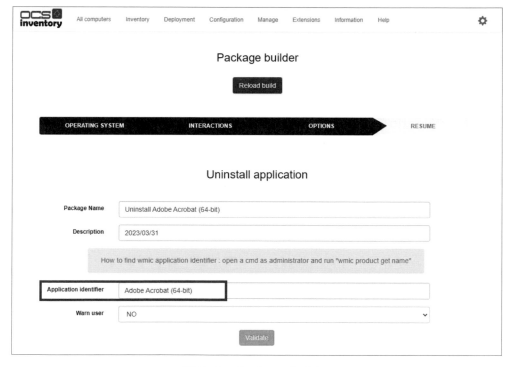

圖 5-40　**Package Builder**

點選「Validate」，顯示套件建立成功。

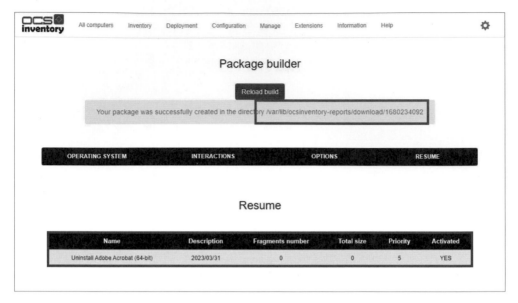

圖 5-41　Package Builder

查看套件存放路徑

```
ll /var/lib/ocsinventory-reports/download/1680234092
total 12
-rw-r--r-- 1 www-data www-data  394 Mar 31 11:41 info
```

檢視一下套件 INFO 的內容

```
cat /var/lib/ocsinventory-reports/download/1680234092/info
<?xml version="1.0" encoding="UTF-8"?>
<DOWNLOAD ID="1680234092" PRI="5" ACT="EXECUTE" DIGEST="" PROTO="HTTPS"
FRAGS="0" DIGEST_ALGO="MD5" DIGEST_ENCODE="Hexa" COMMAND="wmic product
where (name='Adobe Acrobat (64-bit)') call uninstall" NOTIFY_USER="0"
NOTIFY_TEXT="" NOTIFY_COUNTDOWN="" NOTIFY_CAN_ABORT="0" NOTIFY_CAN_
DELAY="0" NEED_DONE_ACTION="0" NEED_DONE_ACTION_TEXT="" GARDEFOU="rien" />
```

代理程式將透過套件的 INFO 來獲取所需的資訊。

- DOWNLOAD ID="1680234092"

- PRI="5"

- ACT="EXECUTE"

- PROTO="HTTPS"

- FRAGS="0"

- COMMAND="wmic product where (name='Adobe Acrobat (64-bit)') call uninstall"

檢視啟用套件,先到選單「Deployment」,點選「Activate」。

圖 5-42　OCS Inventory 儀表板

在「Available Packages」點選剛剛建立的套件。

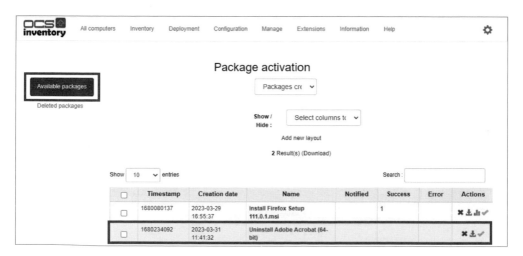

圖 5-43　Available Packages

代理程式是透過指令移除，所以不需要部署時間。

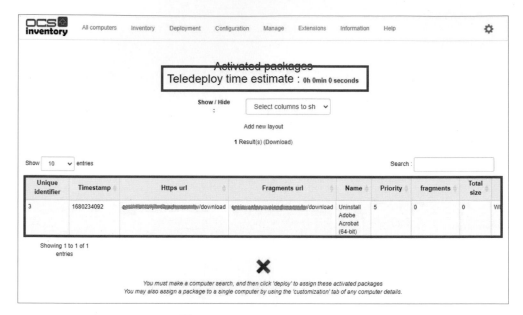

圖 5-44　Available Packages

≫ 遠端部署套件

到計算機的「Deployment」，點選「Add Package」。

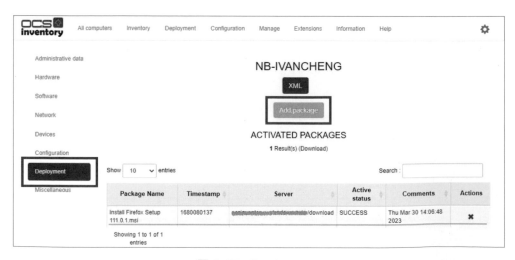

圖 5-45　Deployment

遠端部署進階選項選擇「NO」，點選「Validate」。

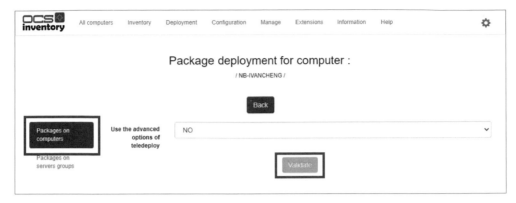

圖 5-46　**Packages on Computers**

勾選套件名稱，點選「Add Selected Packages」。

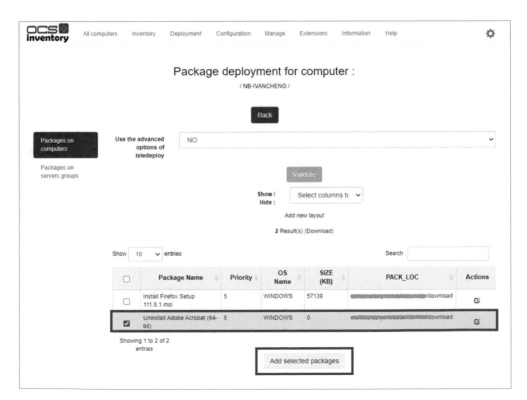

圖 5-47　**Packages on Computers**

遠端部署套件已成功指派。

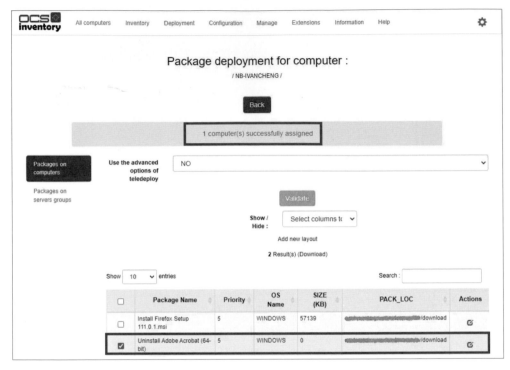

圖 5-48 **Packages on Computers**

到計算機的「Deployment」，該部署狀態處於 WAITING NOTIFICATION。

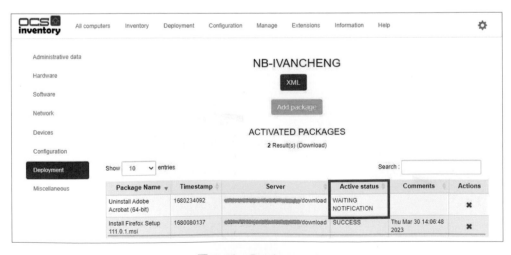

圖 5-49 **Deployment**

若不想等待下次 PROLOG 的時間，可以直接手動重啟服務。

圖 5-50　OCS Inventory Service

此時部署狀態已經變更為 NOTIFIED。

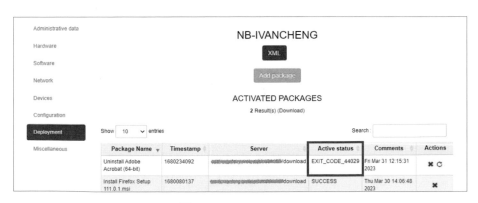

圖 5-51　Deployment

等待了一段時間，EXIT_CODE_44029 發生什麼事？

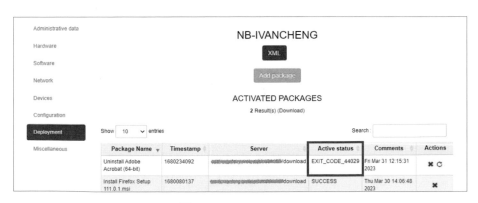

圖 5-52　Deployment

>> 錯誤分析

從代理程式的下載日誌只能知道執行失敗了。

預設路徑為 C:\ProgramData\OCS Inventory NG\Agent\Download.log

```
DOWNLOAD => Starting new period of 10 cycles
DOWNLOAD => Parsing directory <C:\ProgramData\OCS Inventory NG\Agent\
download> for packages
DOWNLOAD => Package <1680234092> verified and added to process queue
DOWNLOAD => Executing action <EXECUTE> for package <1680234092>
ERROR *** DOWNLOAD => Will not register package <1680234092> in history:
result <EXIT_CODE_44029> not a success
DOWNLOAD => Sending result code <EXIT_CODE_44029> for package <1680234092>
```

從套件的 INFO 可以得知執行指令為

```
wmic product where (name='Adobe Acrobat (64-bit)') call uninstall
```

在命令提示字元發現該指令無法執行

```
Microsoft Windows [版本 10.0.19044.2728]
(c) Microsoft Corporation. 著作權所有，並保留一切權利。

C:\WINDOWS\system32>wmic product where (name='Adobe Acrobat (64-bit)') call uninstall
') call uninstall - 別名動詞不正確。
```

圖 5-53　命令提示字元

問題似乎因為括號造成的，改成以下指令試看看。

```
wmic product where name='Adobe Acrobat (64-bit)' call uninstall
```

終於可以正常移除軟體

```
Microsoft Windows [版本 10.0.19044.2728]
(c) Microsoft Corporation. 著作權所有，並保留一切權利。

C:\WINDOWS\system32>wmic product where name='Adobe Acrobat (64-bit)' call uninstall
正在執行 (\\NB-IVANCHENG\ROOT\CIMV2:Win32_Product.IdentifyingNumber="{AC76BA86-1028-1033-7760-BC1
5014EA700}",Name="Adobe Acrobat (64-bit)",Version="23.001.20064")->Uninstall()
方法執行成功。
輸出參數:
instance of __PARAMETERS
{
        ReturnValue = 0;
};
```

圖 5-54　命令提示字元

>> 錯誤排除

編輯應用程式產生 Package Info 的 xml 範本

```
sudo vi /usr/share/ocsinventory-reports/ocsreports/config/teledeploy/
options/uninstallopt.xml
```

找到 Package Definition 區段

```
<!-- Package definition -->
    <packagedefinition>
        <!--
            Package definition will create the info file containing the
instructions needed for deployment
            variables from formoptions can be used with :formblockid
        -->
        <!-- Priority -->
        <PRI>5</PRI>
        <!-- Action (EXECUTE / LAUNCH / STORE) -->
        <ACT>EXECUTE</ACT>
        <!-- PROCOTOL used either HTTP or HTTPS-->
        <PROTO>:PROTO:</PROTO>
        <!-- File command -->
        <COMMAND>wmic product where (name=':application_identifier:') call
uninstall</COMMAND>
        <!-- Notify user -->
        <NOTIFY_USER>:NOTIFY_USER:</NOTIFY_USER>
        <!-- Notify text -->
        <NOTIFY_TEXT>:NOTIFY_TEXT:</NOTIFY_TEXT>
        ...
    </packagedefinition>
```

更改 File Command 如下

```
wmic product where name=':application_identifier:' call uninstall
```

接下來到「Available Packages」移除失敗的套件。

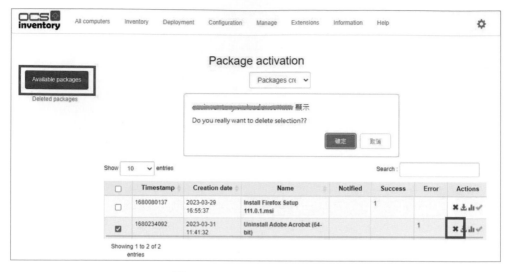

圖 5-55　Available Packages

記得再到「Deleted Packages」點選刪除，才算真正的刪除乾淨。

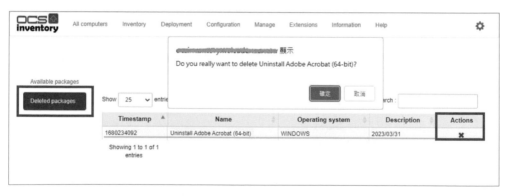

圖 5-56　Deleted Packages

> 從上面的測試得知代理程式在執行 Uninstall 應用程式，其實是透過命令
> 提示字元執行指令，而非透過 PowerShell 來完成。

到選單「Deployment」點選「Build」，重新建置「Uninstall 應用程式」。

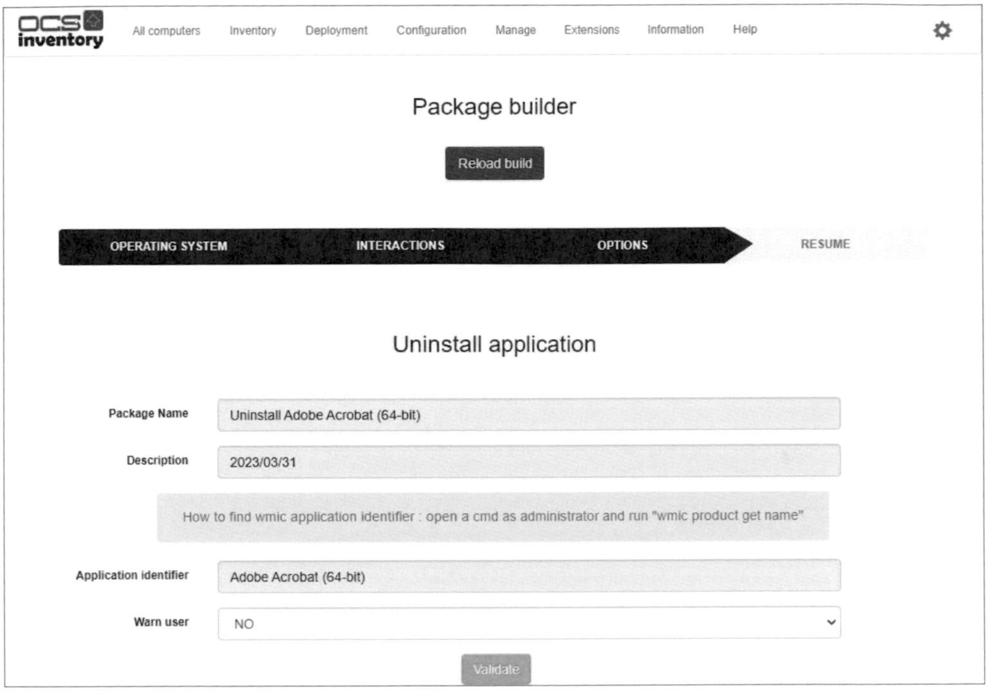

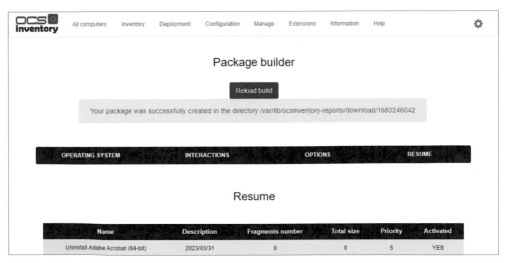

圖 5-57　Package Builder

點選「Validate」，顯示套件建立成功。

圖 5-58　Package Builder

≫ 重新佈署

到計算機的「Deployment」，再新重新佈署一次吧。

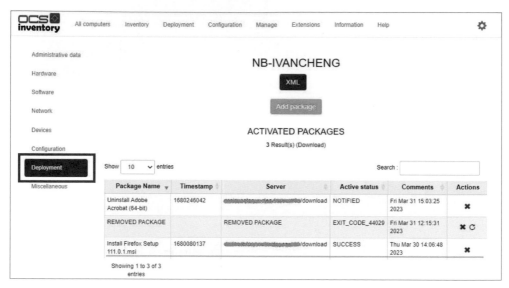

圖 5-59　Deployment

這次終於成功了，完成時間為下午 3 點 08 分。

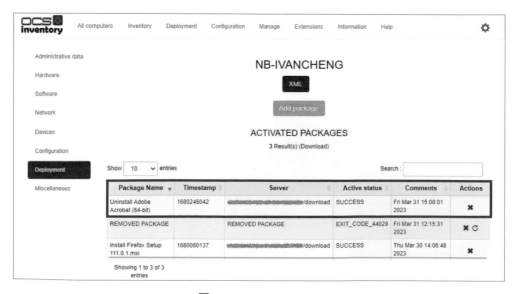

圖 5-60　Deployment

檢查事件檢視器的確有這筆移除紀錄，時間也是吻合的。

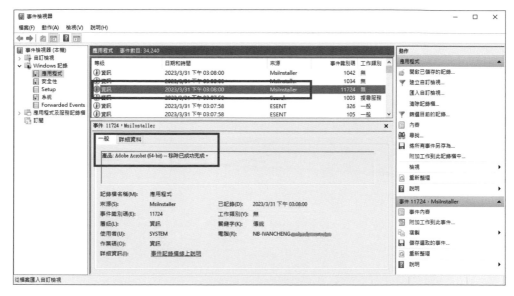

圖 5-61　事件檢視器

應用程式與功能也的確找不到 Adobe Acrobat，就這樣把故障的功能給修好了。

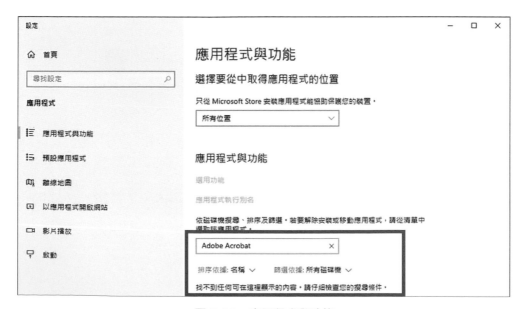

圖 5-62　應用程式與功能

5.4 ► 如何在 OCS Inventory 遠端更新代理程式

如果是 OCS Inventory 代理程式本身的更新該如何處理，我們演示的情境為先把代理程式遠端降級為 2.8.0.0 版本，再將其升級 2.9.1.0 版本。

>> 下載 Windows 代理程式

 Windows Agent 2.8.0.0(64 bits)

https://pse.is/638lsp

 Windows Agent 2.8.0.0(32 bits)

https://pse.is/638m6e

參考之前的章節，請先將 2.8.0.0 的代理程式進行封裝。

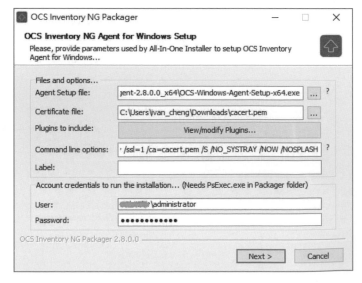

圖 5-63　Windows Setup

Command Line Options：

由於我們是進行降版，記得將 /UPGRADE 參數拿掉。

```
/server=http://your_hostname/ocsinventory /ssl=1 /ca=cacert.pem /S /NO_
SYSTRAY /NOW /NOSPLASH
```

降版前先確認一下，目前我的筆電代理程式是 2.9.1.0 版本。

圖 5-64　Administrative Data

建立套件，先到選單「Deployment」，點選「Build」。

圖 5-65　OCS Inventory 儀表板

作業系統選擇「Windows」

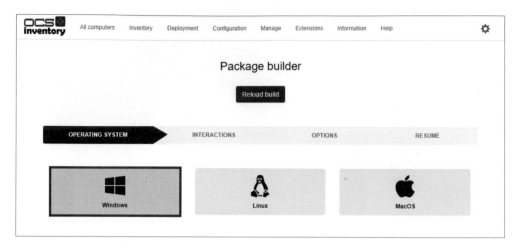

圖 5-66　Package Builder

選擇「Update Agent」

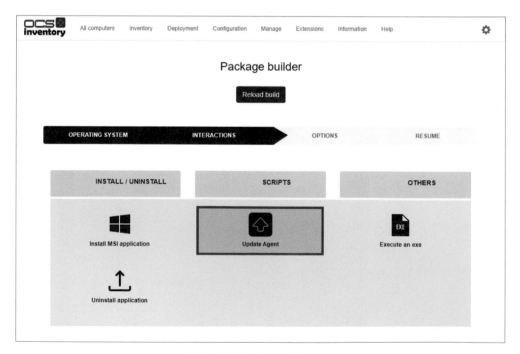

圖 5-67　Package Builder

填入代理程式資訊

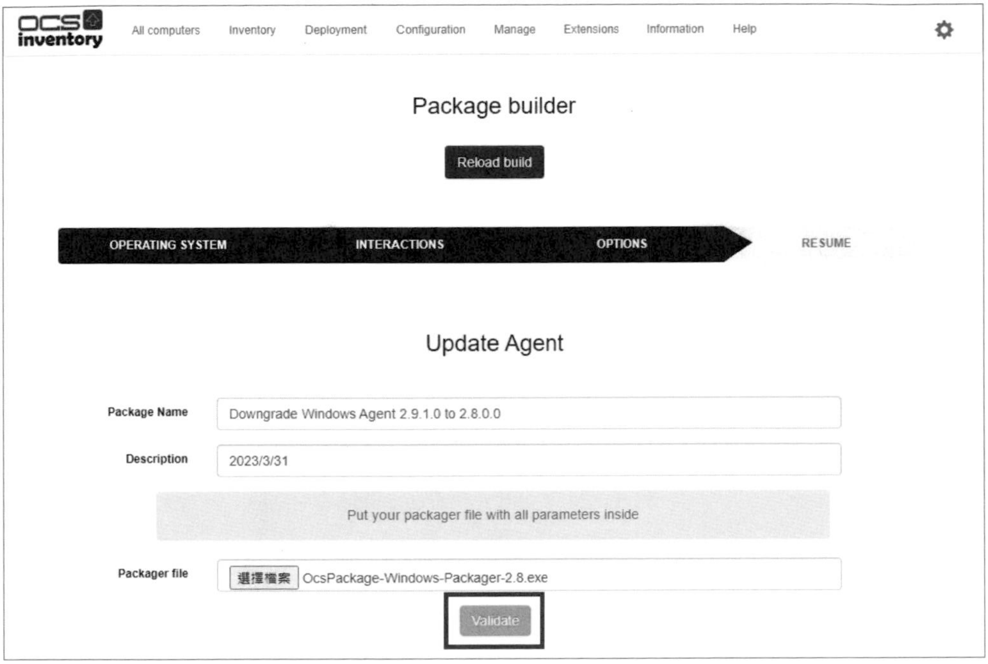

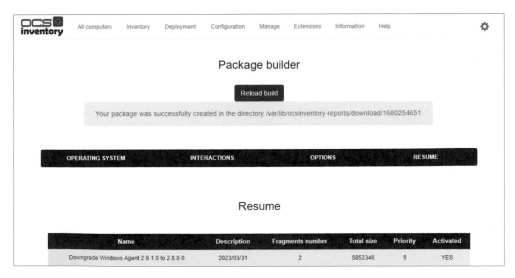

圖 5-68　**Package Builder**

點選「Validate」，顯示套件建立成功。

圖 5-69　**Package Builder**

在「Available Packages」檢視，該套件預計的部署時間為 14 分鐘。

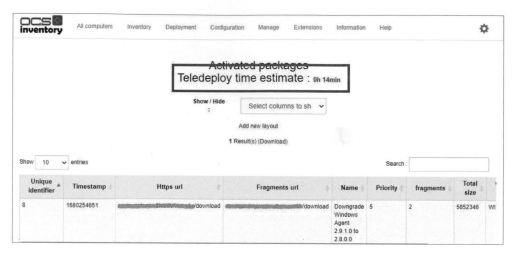

圖 5-70　Available Packages

依照先前的步驟進行遠端部署套件。

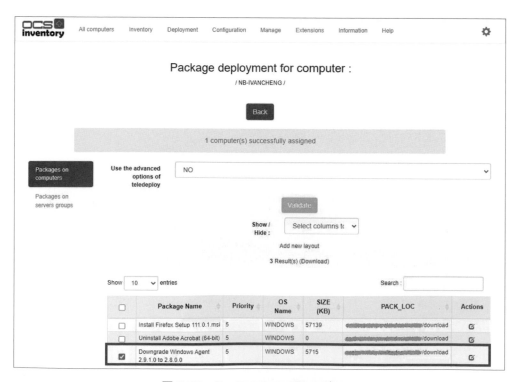

圖 5-71　Packages on Computers

到計算機的「Deployment」，該部署狀態處於 WAITING NOTIFICATION。

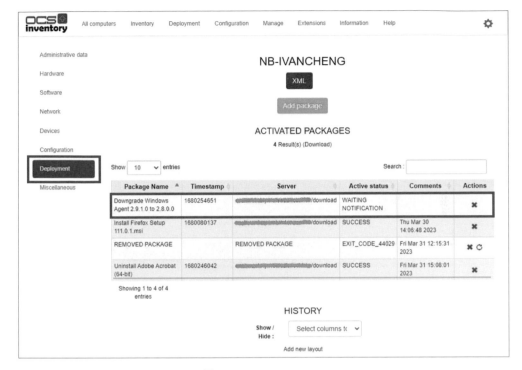

圖 5-72　Deployment

若不想等待下次 PROLOG 的時間，可以直接手動重啟服務。

圖 5-73　OCS Inventory Service

此時部署狀態已經變更為 NOTIFIED。

圖 5-74　Deployment

回到代理程式的下載路徑查看，已經將套件的 INFO 下載回來了。

- since：紀錄部署的時間戳

- task：紀錄尚未下載的片段

預設路徑為 C:\ProgramData\OCS Inventory NG\Agent\Download

等待一段時間便可以看到所有片段都下載回來了。

圖 5-75　Agent Download

部署成功，完成時間為下午 5 點 40 分。

圖 5-76　Deployment

可以看到代理程式已經變成 2.8.0.0 版本。

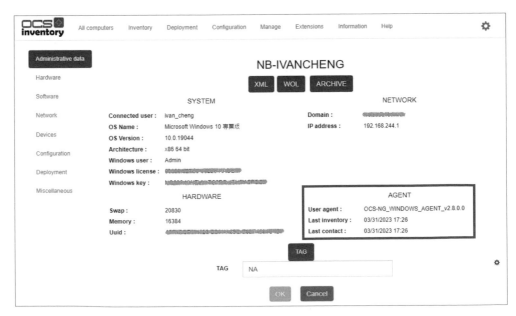

圖 5-77　Administrative Data

重開機後，應用程式與功能也顯示 2.8.0.0 版本。

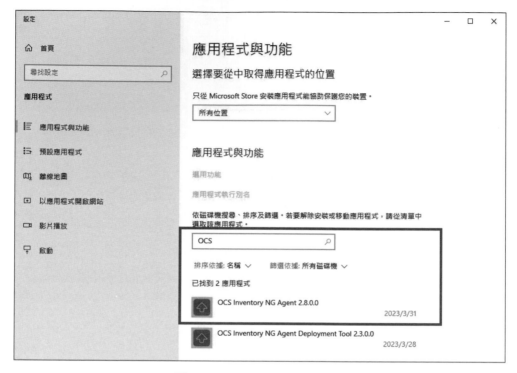

圖 5-78　Administrative Data

完成降級之後，接下來我們再把代理程式升級成 2.9.1.0 1 版本吧。

建立套件，先到選單「Deployment」，點選「Build」。

圖 5-79　OCS Inventory 儀表板

作業系統選擇「Windows」

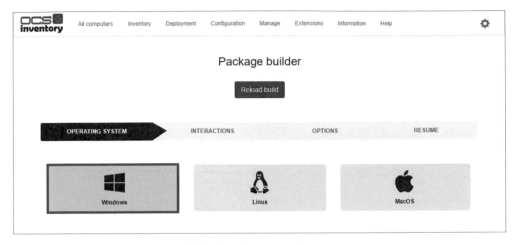

圖 5-80　**Package Builder**

選擇「Update Agent」

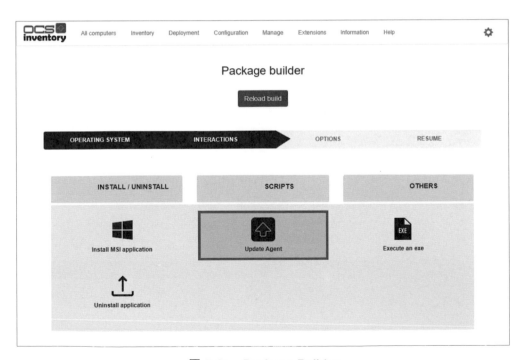

圖 5-81　**Package Builder**

填入代理程式資訊

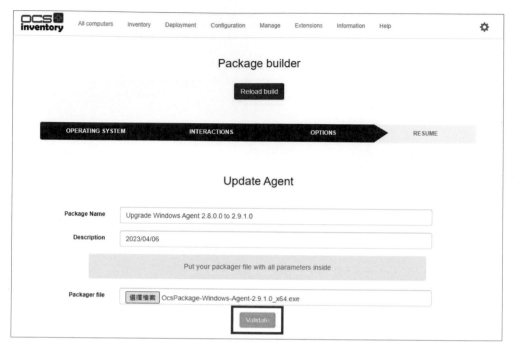

圖 5-82　Package Builder

點選「Validate」，顯示套件建立成功，依照先前的步驟進行遠端部署套件。

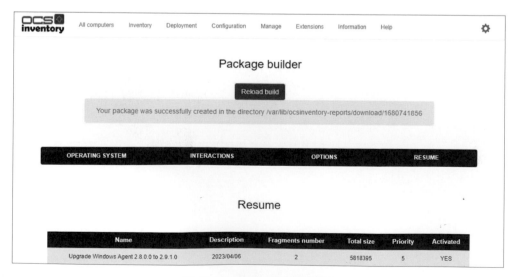

圖 5-83　Package Builder

到計算機的「Deployment」，該部署狀態處於 WAITING NOTIFICATION。

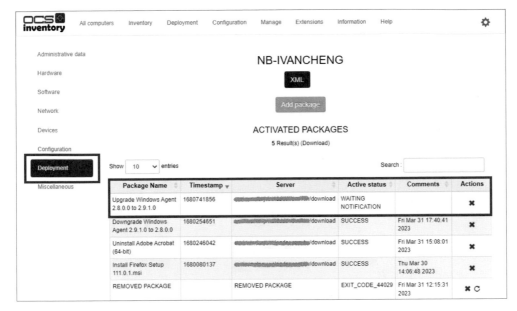

圖 5-84　Deployment

部署成功，完成時間為上午 9 點 4 分。

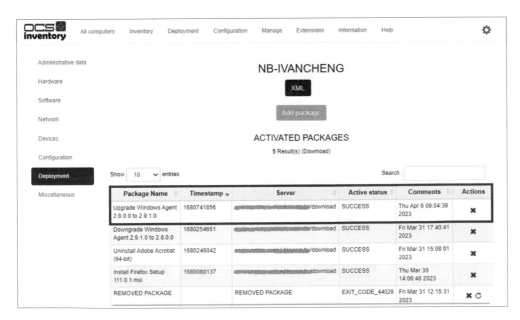

圖 5-85　Deployment

可以看到代理程式已經變回 2.9.1.0 版本。

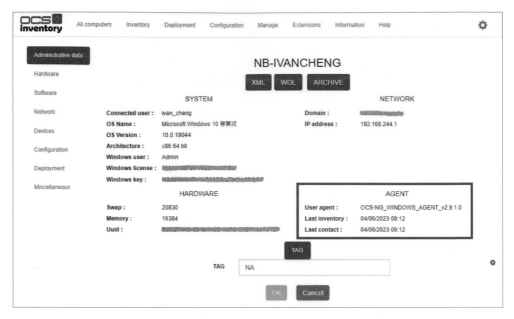

圖 5-86　Deployment

相信大家已經學會了如何在 OCS Inventory 遠端更新代理程式的版本，若是想要增加新的外掛程式，就不需要逐台慢慢地更新了。

5.5 ► 如何使用 OCS Inventory 代理程式遠端執行 PowerShell

OCS Inventory 代理程式除了可以幫您遠端安裝與移除應用程式，也可以恣意地將代理程式的版本進行升降版。對於需要管理幾百台設備的管理人員可以説是必學的技巧，接下來介紹我個人認為最實用的功能，幫你遠端執行 PowerShell。

建立套件，先到選單「Deployment」，點選「Build」。

圖 5-87　OCS Inventory 儀表板

作業系統選擇「Windows」

圖 5-88　Package Builder

選擇「SCRIPTS」，點選「PowerShell Script」。

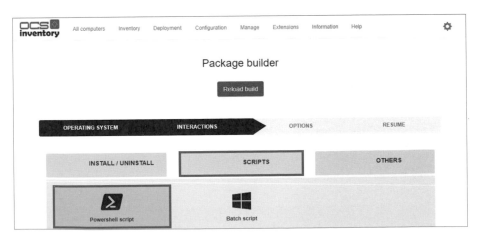

圖 5-89　Package Builder

可以直接在這邊撰寫指令或者上傳 .ps1 腳本。

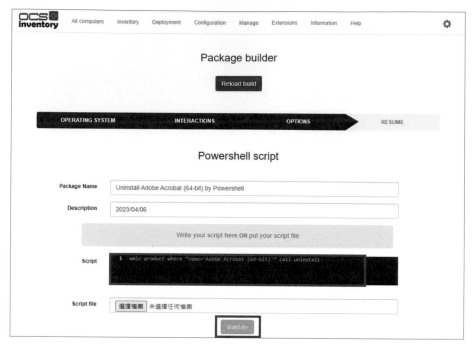

圖 5-90　Package Builder

我們嘗試使用 PowerShell 來移除 Adobe Acrobat（64-bit）。

```
wmic product where "name='Adobe Acrobat (64-bit)'" call uninstall
```

點選「Validate」，顯示套件建立成功。

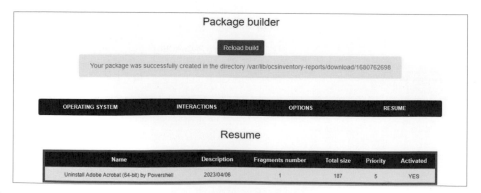

圖 5-91　Package Builder

依照先前的步驟進行遠端部署套件。

圖 5-92　**Packages on Computers**

到計算機的「Deployment」，該部署狀態處於 WAITING NOTIFICATION。

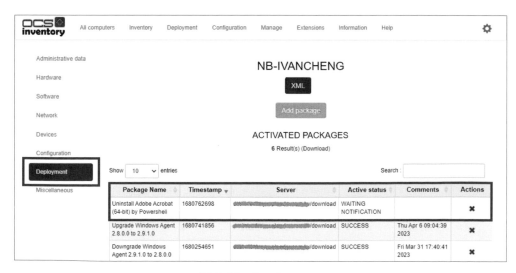

圖 5-93　**Deployment**

部署成功，完成時間為下午 2 點 52 分。

圖 5-94　Deployment

事件檢視器的確有這筆移除紀錄，時間也是吻合的。

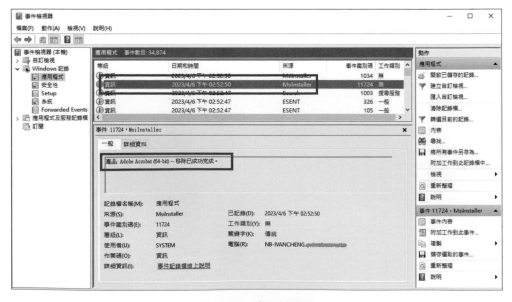

圖 5-95　事件檢視器

應用程式與功能也的確找不到 Adobe Acrobat。

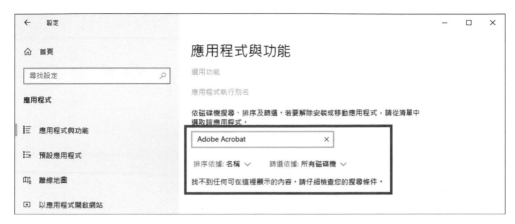

圖 5-96　應用程式與功能

一般來說，管理者想要在自己的設備執行遠端 PowerShell，通常最大的麻煩就是跨網段不通怎麼辦，以及需要自己統計那些計算機執行成功與失敗。

透過 OCS Inventory 代理程式的好處如下：

- 只要能連上 OCS Inventory 伺服器，它就可以遠端執行 Powershell

- 自動統計部署成功與錯誤的計算機數量

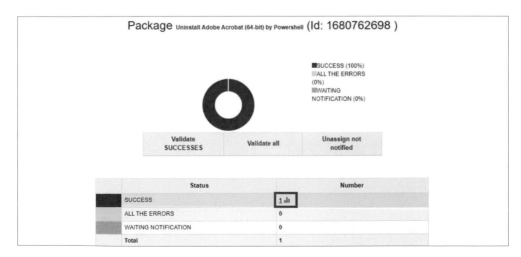

圖 5-97　Teledeploy Statistic

只要點選狀態的數量，便會幫我們列出所有的計算機名稱。若部署失敗的話，也可以再勾選這些計算機重新部署套件即可。

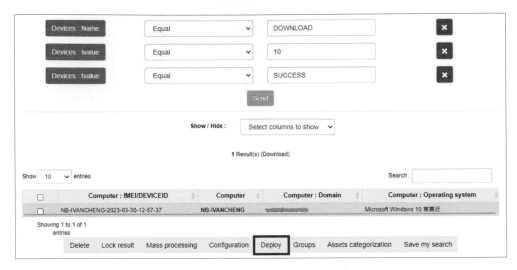

圖 5-98　Search with Various Criteria

既然可以遠端執行 PowerShell，不就代表我們就能夠為所欲為！

5.6 ▶ 如何使用 OCS Inventory 代理程式遠端存儲檔案或資料夾

接下來介紹如何把想要的檔案或資料夾透過代理程式部署到遠端的計算機，我們以 TreeSize Free 作為範例，它可以快速地幫助管理員了解磁碟空間的使用狀況。

- 使用者的漫遊設定檔異常

- 應用程式的日誌沒有設定刪除排程

- 應用程式的記憶體不足或發生洩漏，造成 Page File 異常肥大

- System Volume Information 過期的快照沒有回收

- Windows Update 的暫存檔案太多

- TempDB 或者 LDF 交易記錄檔異常肥大

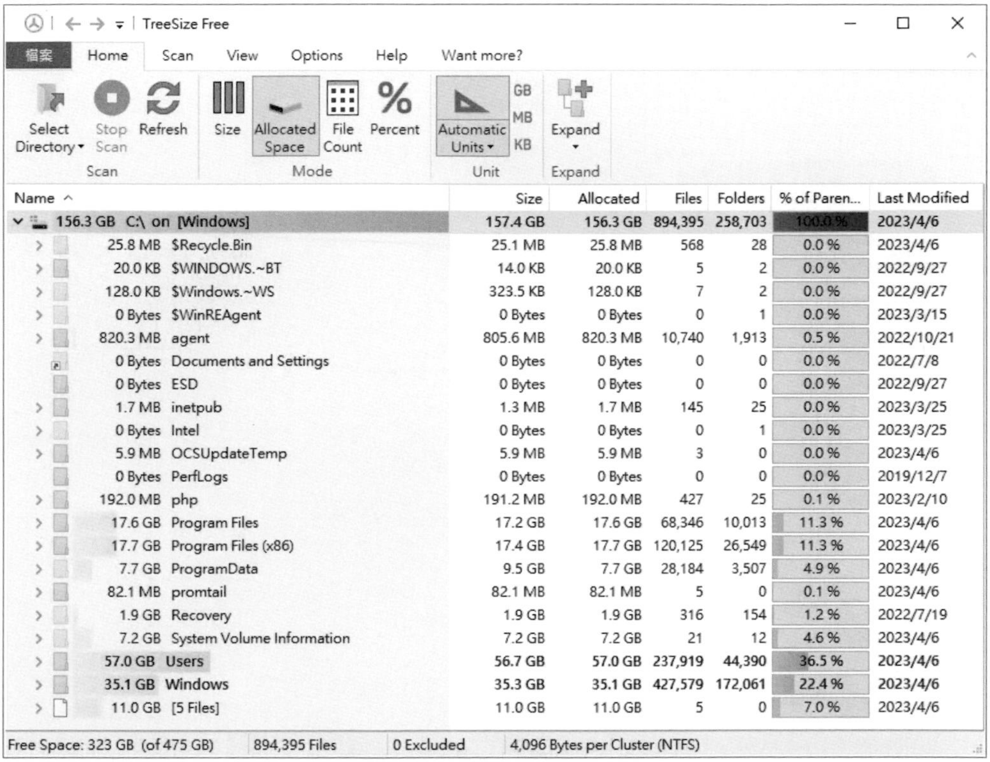

圖 5-99　Search with Various Criteria

建立套件，先到選單「Deployment」，點選「Build」。

圖 5-100　OCS Inventory 儀表板

作業系統選擇「Windows」

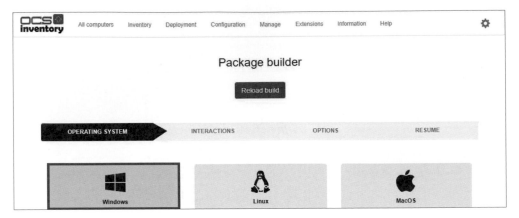

圖 5-101　Package Builder

選擇「OTHERS」，點選「Store File/Folder」。

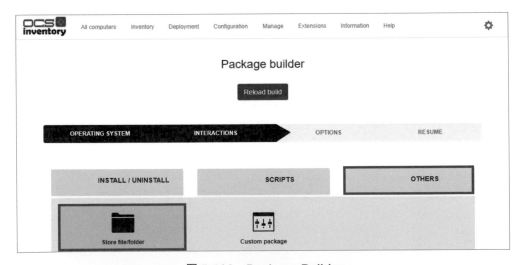

圖 5-102　Package Builder

填入代理程式資訊

- **Package Name**：填入 Package Name（不可重複）

- **Description**：填入 Description

- **Path**：目的地資料夾，若不存在會幫忙建立

- **File**：儲存的檔案，請使用 zip 來儲存多個檔案

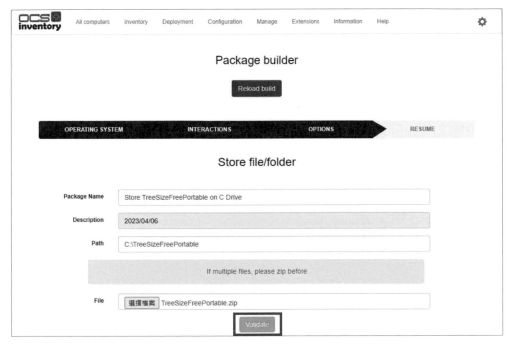

圖 5-103　Package Builder

點選「Validate」，顯示套件建立成功。

圖 5-104　Package Builder

依照先前的步驟進行遠端部署套件。

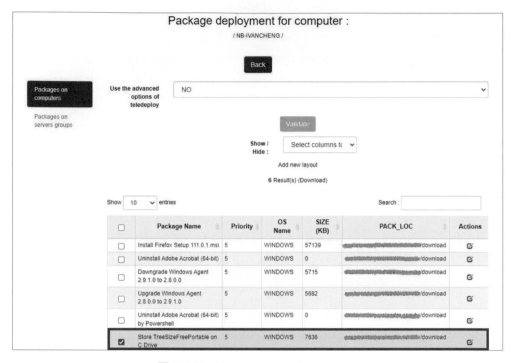

圖 5-105　**Packages on Computers**

到計算機的「Deployment」，該部署狀態處於 WAITING NOTIFICATION。

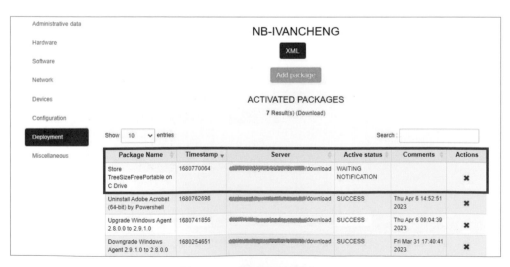

圖 5-106　**Package Builder**

先看一下部署前的 C 磁碟資料夾。

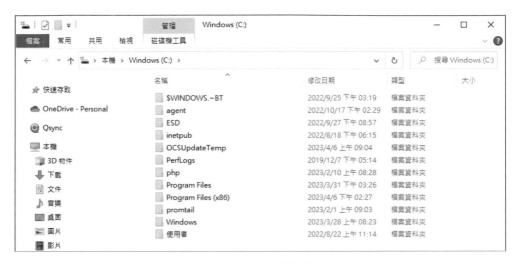

圖 5-107　C 磁碟資料夾

部署成功，完成時間為下午 5 點 33 分。

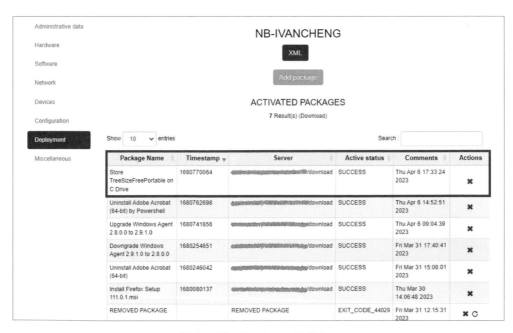

圖 5-108　Package Builder

代理程式會自動建立 C:\TreeSizeFreePortable，並將檔案解壓縮至此。

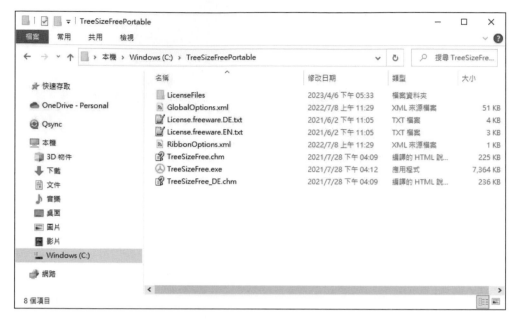

圖 5-109　C 磁碟資料夾

5.7 ▶ 如何使用 OCS Inventory 代理程式遠端執行 Windows 執行檔

大部分自行開發的軟體套件可能只會提供 EXE 安裝格式，接下來就來教大家如何使用 OCS Inventory 代理程式遠端執行 Windows 執行檔。

≫ 下載 EXE 應用程式

我們使用 Firefox 作為演示範例

Deploy Firefox with EXE installers

https://pse.is/63ahkb

圖 5-110　下載 Firefox EXE

建立套件，先到選單「Deployment」，點選「Build」。

圖 5-111　OCS Inventory 儀表板

作業系統選擇「Windows」

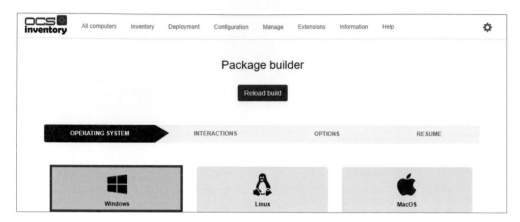

圖 5-112　Package Builder

選擇「Execute an EXE」

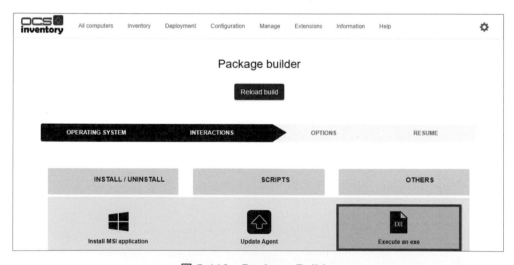

圖 5-113　Package Builder

根據用於創建安裝程式的工具，EXE 安裝程式可能具有不同的參數，請自行查詢該 EXE 執行檔提供的安裝參數。

- **Package Name**：填入 Package Name（不可重複）

- **Description**：填入 Description

- **EXE File**：上傳 Firefox Setup 111.0.1.exe

- **Arguments**：-ms（Optionnal）

- **Warn User**：NO

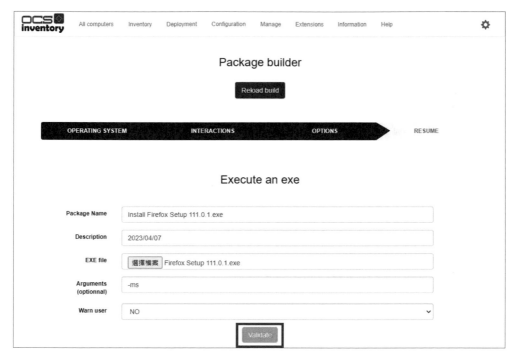

圖 5-114　**Package Builder**

點選「Validate」，顯示套件建立成功。

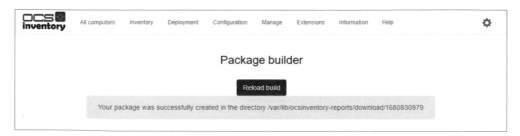

圖 5-115　**Package Builder**

依照先前的步驟進行遠端部署套件。

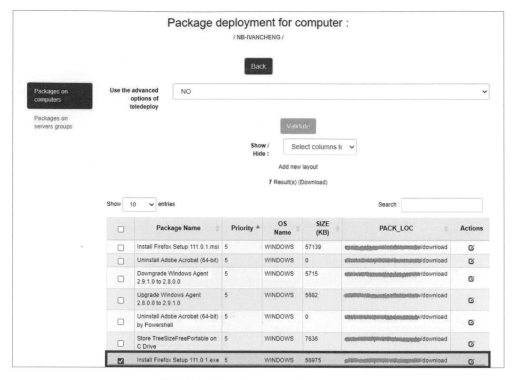

圖 5-116　Packages on Computers

到計算機的「Deployment」，該部署狀態處於 WAITING NOTIFICATION。

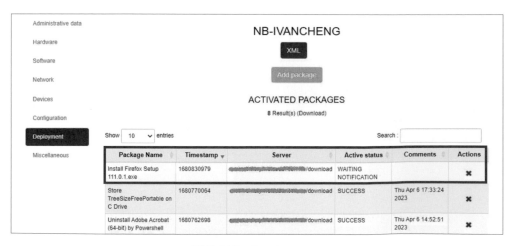

圖 5-117　Deployment

等待一段時間便可以看到所有片段都下載回來了。

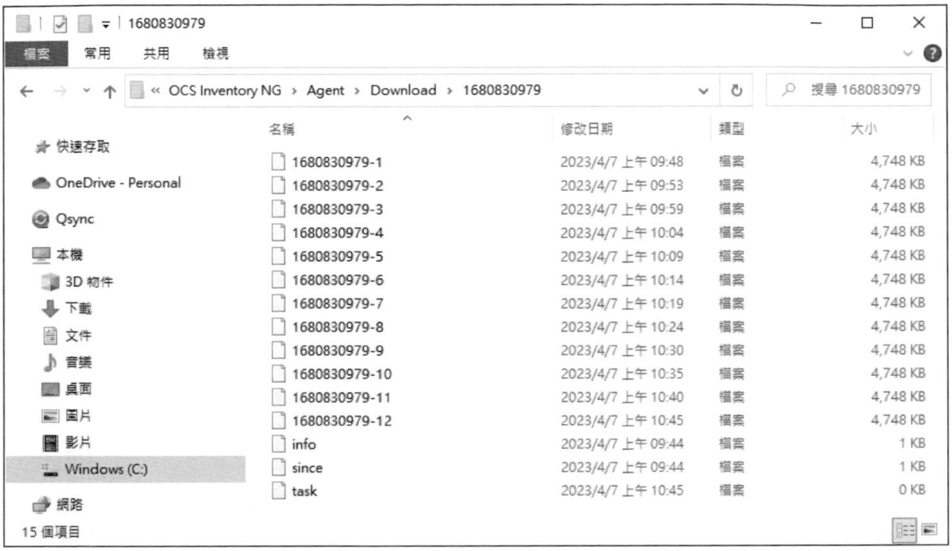

圖 5-118　Agent Download

回到計算機的「Deployment」，便可以看到套件安裝成功與安裝時間。

圖 5-119　Agent Download

應用程式與功能的安裝日期也是正確的。

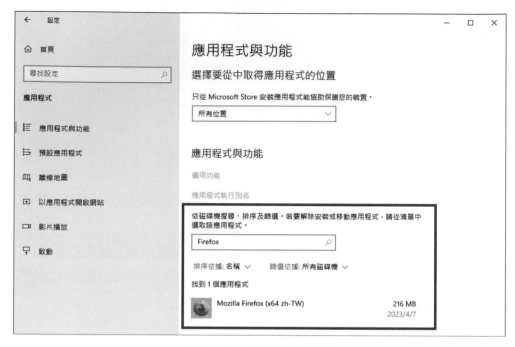

圖 5-120　應用程式與功能

若您想要使用 AD 的群組原則從遠端安裝軟體，預設只支援 MSI 應用程式。也就是你需要先花錢購買第三方工具，將您的 EXE 程式封裝成 MSI 格式，或者透過設定 GPO 與自行撰寫 PowerShell 才能遠端安裝軟體。

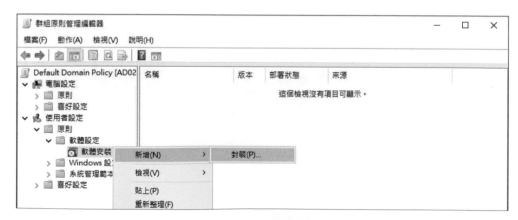

圖 5-121　軟體安裝

若您想要使用 AD 的群組原則從遠端安裝軟體，預設只支援 MSI 應用程式。不論是 EXE 或 MSI 應用程式，透過 OCS Inventory 代理程式我們都可以輕易地將其封裝成套件進行遠端部署，可以大幅降低設備管理員的負擔。

參 考 資 料

1. https://wiki.ocsinventory-ng.org/05.Deployment/Windows/Summary

2. https://firefox-source-docs.mozilla.org/browser/installer/windows/installer/FullConfig.html

3. https://silentinstallhq.com/mozilla-firefox-100-silent-install-how-to-guide

4. https://www.advancedinstaller.com/exe-vs-msi-installer.html

5. https://learn.microsoft.com/zh-tw/troubleshoot/windows-server/group-policy/use-group-policy-to-install-software

5.8 ▶ 如何在 OCS Inventory 使用自定義套件

還記得前幾篇文章我們介紹了一系列遠端部署套件的方式，OCS Inventory 預設套件的優先權皆為 5。若您真的有很緊急的套件需要進行部署，則可以考慮使用自定義套件。

建立套件，先到選單「Deployment」，點選「Build」。

圖 5-122　OCS Inventory 儀表板

作業系統選擇「Windows」

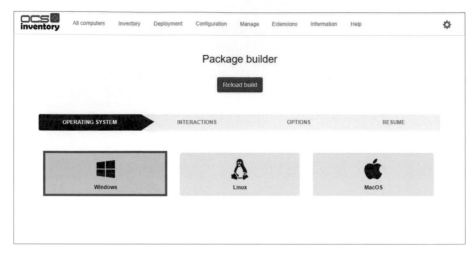

圖 5-123　Package Builder

選擇「OTHERS」，點選「Custom Package」。

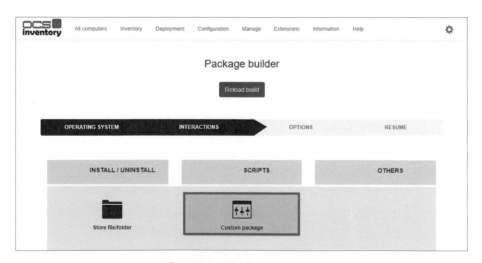

圖 5-124　Package Builder

自定義套件的參數如下

● **套件名稱**：輸入套件顯示名稱

- 描述：輸入套件描述

- 協議：HTTP/HTTPS

- 優先權：輸入優先權

- 檔案：要部署的檔案

- 動作：執行命令 / 執行檔案 / 存儲檔案或資料夾

- 警告用戶：NO

- 安裝完成需要使用者操作：NO

終於可以在這邊調整套件的優先權，有關於套件的 Priority 以及 Cycle 的關係就不在贅述了，若忘記的朋友請再回去複習本章第一節的詳細說明。

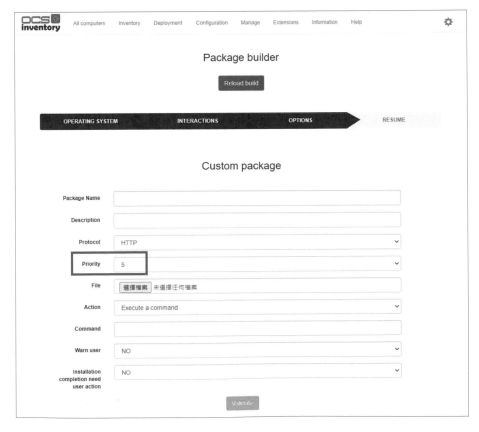

圖 5-125　Package Builder

Note

其它代理程式

C H A P T E R

6

6.1 ▶ 如何在 Ubuntu 22.04 安裝 OCS Inventory 代理程式

如果您想要在 OCS Inventory 使用 SNMP Scan 功能，負責執行的計算機代理程式則必須為 Linux 版本。接下來教大家如何在 Ubuntu 22.04 安裝 OCS Inventory 代理程式。

≫ 先決條件

需要安裝 PERL 5.8 or higher 的相關模組，透過下列指令依序進行安裝，這邊需要一點時間喔。

```
sudo apt-get install build-essential
sudo cpan install XML::Simple
sudo cpan install Compress::Zlib
sudo cpan install Net::IP
sudo cpan install LWP::UserAgent
sudo cpan install Digest::MD5
sudo cpan install YAML
sudo cpan install Net::SSLeay
sudo cpan install Data::UUID
sudo cpan install Mac::SysProfile
```

安裝必要與推薦的模組

```
# Recommended modules:
sudo cpan install IO::Socket::SSL
sudo cpan install Crypt::SSLeay
sudo cpan install LWP::Protocol::https
sudo cpan install Proc::Daemon
sudo cpan install Proc::PID::File
sudo cpan install Net::SNMP
sudo cpan install Net::Netmask
sudo cpan install Nmap::Parser
sudo cpan install Module::Install
sudo cpan install Net::CUPS
sudo cpan install Parse::EDID
sudo apt install libmodule-install-perl dmidecode libxml-simple-perl
```

```
libcompress-zlib-perl libnet-ip-perl libwww-perl libdigest-md5-perl
libdata-uuid-perl
# Optional modules: but highly recommended
sudo apt install libcrypt-ssleay-perl libnet-snmp-perl libproc-pid-
file-perl libproc-daemon-perl net-tools libsys-syslog-perl pciutils
smartmontools read-edid nmap libnet-netmask-perl
```

》 使用 APT 安裝代理程式 (不推薦)

在基於 Debian 的發行版上，您可以使用 APT 安裝代理程式。

```
curl -sS http://deb.ocsinventory-ng.org/pubkey.gpg | sudo apt-key add -
```

Ubuntu 22.04 現已棄用 apt-key，並將發出警告，建議使用以下 gpg 替代
方案。

```
curl -fsSL http://deb.ocsinventory-ng.org/pubkey.gpg | sudo gpg --dearmor
-o /etc/apt/trusted.gpg.d/ocs-archive-keyring.gpg
```

使用以下命令添加並更新 OCS Inventory 的存儲庫

```
echo "deb http://deb.ocsinventory-ng.org/ubuntu/ focal main" | sudo tee /
etc/apt/sources.list.d/ocsinventory.list
sudo apt update
```

安裝代理程式，並回答下列問題。

```
sudo apt install ocsinventory-agent
```

設定組態檔案的位置

```
Do you want to configure the agent
Please enter 'y' or 'n'?> [y]
Where do you want to write the configuration file?
 0 -> /etc/ocsinventory
 1 -> /usr/local/etc/ocsinventory
 2 -> /etc/ocsinventory-agent
```

```
?>  0
Do you want to create the directory /etc/ocsinventory?
Please enter 'y' or 'n'?> [y]
Should the old unix_agent settings be imported ?
Please enter 'y' or 'n'?> [y]
[info] The config file will be written in /etc/ocsinventory/ocsinventory-
agent.cfg,
```

輸入您的 OCS Inventory 伺服器的 FQDN

```
What is the address of your ocs server?> your_ocs_inventory_fqdn
Do you need credential for the server? (You probably don't)
Please enter 'y' or 'n'?> [n]
Do you want to apply an administrative tag on this machine
Please enter 'y' or 'n'?> [y] n
```

是否要設定排程運行代理程式

```
Do yo want to install the cron task in /etc/cron.d
Please enter 'y' or 'n'?> [y]
```

預設為下午 1 點 53 分執行

```
cat /etc/cron.d/ocsinventory-agent
PATH=/usr/sbin:/usr/bin:/sbin:/bin
53 13 * * * root /usr/bin/ocsinventory-agent --lazy > /dev/null 2>&1
```

設定代理程式的檔案儲存位置

```
Where do you want the agent to store its files? (You probably don't need
to change it)?> [/var/lib/ocsinventory-agent]
Do you want to create the /var/lib/ocsinventory-agent directory?
Please enter 'y' or 'n'?> [y]
Should I remove the old unix_agent
Please enter 'y' or 'n'?> [n]
```

開啟除錯模式，設定日誌檔案路徑。

```
Do you want to activate debug configuration option ?
Please enter 'y' or 'n'?> [y]
Do you want to use OCS Inventory NG UNix Unified agent log file ?
Please enter 'y' or 'n'?> [y]
Specify log file path you want to use?>  /var/log/ocsinventory-agent.log
```

啟用 SSL 驗證，設定 CA 憑證路徑。

```
Do you want disable SSL CA verification configuration option (not recommended) ?
Please enter 'y' or 'n'?> [n]
Do you want to set CA certificates file path ?
Please enter 'y' or 'n'?> [y]
Specify CA certificates file path?>  /home/administrator/cacert.pem
```

是否使用遠端部屬與 SNMP 掃描功能

```
Do you want to use OCS-Inventory software deployment feature?
Please enter 'y' or 'n'?> [y]
Do you want to use OCS-Inventory SNMP scans feature?
Please enter 'y' or 'n'?> [y]
```

立即發送盤點數據

```
Do you want to send an inventory of this machine?
Please enter 'y' or 'n'?> [y]
Setting OCS Inventory NG server address...
...
Creating /var/lib/ocsinventory-agent directory...
Creating /etc/ocsinventory directory...
Writing OCS Inventory NG Unix Unified agent configuration
Creating /var/lib/ocsinventory-agent/http:__your_ocs_inventory_fqdn_
ocsinventory directory...
Activating modules if needed...
Launching OCS Inventory NG Unix Unified agent...
   -> Success!
```

看到 Success 出現，代表代理程式安裝完成並開始運行了。安裝過程中若有輸入錯誤，請再自行調整代理程式組態設定。

```
sudo vi /etc/ocsinventory/ocsinventory-agent.cfg
basevardir=/var/lib/ocsinventory-agent
debug=1
ca=/home/administrator/cacert.pem
logfile=/var/log/ocsinventory-agent.log
server=http://your_ocs_inventory_fqdn/ocsinventory
```

點選電腦名稱進入，可以看到更詳細的資訊。

圖 6-1　Administrative Data

經我測試使用 APT 安裝的代理程式會發生無法載入 modules.conf 的問題，進而無法使用 SNMP 掃描功能。還是建議大家使用源代碼安裝代理程式，遇到的問題會比較少。

點選「Hardware」會幫您列出所有硬體資訊。

圖 6-2　Hardware

點選「Software」會幫您列出所有軟體的發行者、名稱與版本。

圖 6-3　Software

≫ 使用 Source 安裝代理程式（推薦）

使用 APT 進行的軟體安裝比較方便，但是常受限於發行版提供的依賴庫版本，造成版本可能不是最新或最佳的。使用源代碼安裝代理程式的好處就是可以拿到最新版本進行安裝來避免可能遇到的錯誤，也更好地理解軟體的工作原理和依賴關係。

請依照自己的版本下載 Linux 的代理程式

Unix/Linux Agent 2.9.1

https://pse.is/63apvj

Unix/Linux Agent 2.10.0

https://pse.is/63apxr

下載完畢後進行解壓縮

```
wget https://github.com/OCSInventory-NG/UnixAgent/releases/download/v2.9.1/
Ocsinventory-Unix-Agent-2.9.1.tar.gz
sudo tar -xvzf Ocsinventory-Unix-Agent-2.9.1.tar.gz
```

使用腳本 Makefile.PL 檢查 perl 配置並生成 Makefile

```
cd Ocsinventory-Unix-Agent-2.9.1
sudo perl Makefile.PL
```

進行編譯與安裝

```
sudo make
sudo make install
```

安裝代理程式，並回答下列問題。

```
Do you want to configure the agent?
Please enter 'y' or 'n'?> [y]
Where do you want to write the configuration file?
 0 -> /etc/ocsinventory
 1 -> /usr/local/etc/ocsinventory
 2 -> /etc/ocsinventory-agent
?> 0
Do you want to create the directory /etc/ocsinventory?
Please enter 'y' or 'n'?> [y]
Should the old unix_agent settings be imported?
Please enter 'y' or 'n'?> [y]
[info] The config file will be written in /etc/ocsinventory/ocsinventory-
agent.cfg,
What is the address of your ocs server?>  your_ocs_inventory_fqdn
Do you need credential for the server? (You probably don't)
Please enter 'y' or 'n'?> [n]
Do you want to apply an administrative tag on this machine?
Please enter 'y' or 'n'?> [y] n
Do yo want to install the cron task in /etc/cron.d?
Please enter 'y' or 'n'?> [y]
Where do you want the agent to store its files? (You probably don't need
to change it)?> [/var/lib/ocsinventory-agent]
Do you want to create the /var/lib/ocsinventory-agent directory?
Please enter 'y' or 'n'?> [y]
Should I remove the old unix_agent?
Please enter 'y' or 'n'?> [n]
Do you want to activate debug configuration option?
Please enter 'y' or 'n'?> [y]
Do you want to use OCS Inventory NG UNix Unified agent log file?
Please enter 'y' or 'n'?> [y]
Specify log file path you want to use?>  /var/log/ocsinventory-agent.log
Do you want disable SSL CA verification configuration option (not
recommended)?

Please enter 'y' or 'n'?> [n]
Do you want to set CA certificates file path?
Please enter 'y' or 'n'?> [y]
Specify CA certificates file path?>  /home/administrator/cacert.pem
Do you want disable software inventory?
Please enter 'y' or 'n'?> [n]
Do you want to use OCS-Inventory software deployment feature?
Please enter 'y' or 'n'?> [y]
```

```
Do you want to use OCS-Inventory SNMP scans feature?
Please enter 'y' or 'n'?> [y]
Do you want to send an inventory of this machine?
Please enter 'y' or 'n'?> [y]
Setting OCS Inventory NG server address...
Looking for OCS Invetory NG Unix Unified agent installation...
ocsinventory agent presents: /usr/local/bin/ocsinventory-agent
Setting crontab...
Creating /var/lib/ocsinventory-agent directory...
Creating /etc/ocsinventory directory...
Writing OCS Inventory NG Unix Unified agent configuration
Creating /var/lib/ocsinventory-agent/http:__your_ocs_inventory_fqdn_
ocsinventory directory...
Creating /var/lib/ocsinventory-agent/http:__your_ocs_inventory_fqdn_
ocsinventory/snmp directory...
Copying SNMP MIBs XML files...
Activating modules if needed...
Launching OCS Inventory NG Unix Unified agent...
   -> Success!
New settings written! Thank you for using OCS Inventory
```

代理程式組態設定如下

```
sudo cat /etc/ocsinventory/ocsinventory-agent.cfg
debug=1
server=https://your_ocs_inventory_fqdn/ocsinventory
snmptimeout=3
basevardir=/var/lib/ocsinventory-agent
nosoftware=0
logfile=/var/log/ocsinventory-agent.log
snmpretry=2
ca=/home/administrator/cacert.pem
snmp=1
```

參 考 資 料

1. https://wiki.ocsinventory-ng.org/03.Basic-documentation/Setting-up-the-UNIX-agent-using-repository-on-client-computers

2. https://wiki.ocsinventory-ng.org/03.Basic-documentation/Setting-up-the-UNIX-agent-manually-on-client-computers

6.2 ▶ 如何在 MacOS 安裝 OCS Inventory 代理程式

若是想蒐集 MacOS 的資產訊息，OCS Inventory 也是可以做到的，接下來教大家如何在 MacOS 安裝 OCS Inventory 代理程式。

≫ 安裝代理程式

請依照自己的版本下載 MacOS 的代理程式

MacOS X Agent 2.10.0

https://pse.is/63apgw

下載完畢後進行解壓縮，執行「OCS Inventory Pkg Setup.pkg」。

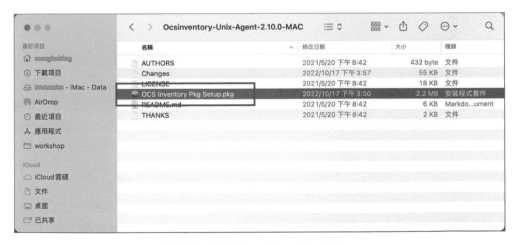

圖 6-4　OCS Inventory Pkg Setup

點選「允許」進行安裝

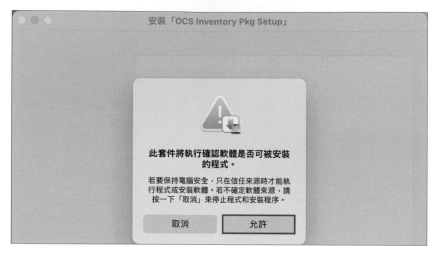

圖 6-5　OCS Inventory Pkg Setup

點選「Agree」同意軟體許可協議

圖 6-6　軟體許可協議

設定代理程式組態

- 使用 HTTPS，填入 OCS Server 的 FQDN。

- 勾選 Debug Mode，表示會產生 Log 日誌。

- 勾選下載功能，則憑證路徑為必填。

- 證書文件必須命名為 cacert.pem

點選「繼續」與驗證配置

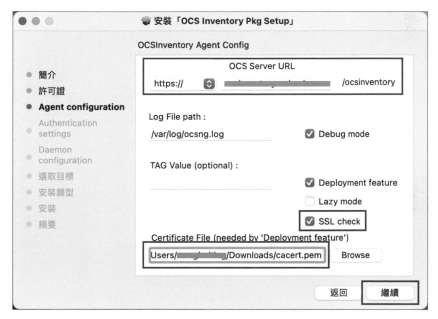

圖 6-7　Agent Configuration

代理程式 2.10 版本開始，允許您指定身份驗證設置。如果您不想使用身份驗證，則將它們留空。

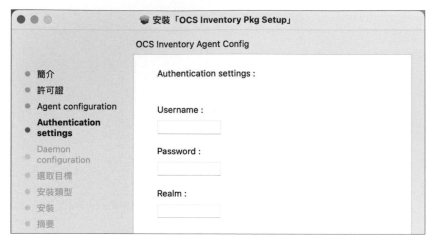

圖 6-8　Authentication Settings

勾選「Launch Daemon After Install」，會立刻掃描該設備的資訊。

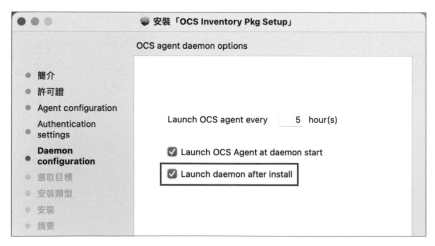

圖 6-9　Daemon Configuration

輸入本機的帳號密碼，點選「安裝軟體」。

圖 6-10　安裝類型

這樣就安裝成功了。

圖 6-11　摘要

開啟「Finder」切換到「應用程式」，點選「OCSNG」即可進行手動盤點。

圖 6-12　Launch OCS Inventory Agent

若發生錯誤，可以查看日誌進行排除。

```
cat /var/log/ocsng.log
```

```
Last login: Mon Apr 10 14:17:06 on ttys000
[             ]@             ~ % cat /var/log/ocsng.log
[Mon Apr 10 13:59:39 2023][debug] Ocsinventory unified agent for UNIX, Linux and MacOSX 2.9.0
[Mon Apr 10 13:59:39 2023][debug] Log system initialised (File)
[Mon Apr 10 13:59:39 2023][debug] --scan-homedirs missing. Don't scan user directories
[Mon Apr 10 13:59:39 2023][debug] accountconfig file: `/var/lib/ocsinventory-agent/https:__ocsinvent
ory.             _ocsinventory/ocsinv.conf doesn't exist. I create an empty one
[Mon Apr 10 13:59:39 2023][debug] ocsinv.conf updated successfully
[Mon Apr 10 13:59:39 2023][debug] ocsinv.conf updated successfully
[Mon Apr 10 13:59:39 2023][debug] Accountinfo file: /var/lib/ocsinventory-agent/https:__ocsinventory
.             _ocsinventory/ocsinv.adm
[Mon Apr 10 13:59:39 2023][info] Accountinfo file doesn't exist. I create an empty one.
[Mon Apr 10 13:59:39 2023][debug] Invalid parameter while writing accountinfo file
[Mon Apr 10 13:59:39 2023][debug] Account info updated successfully
[Mon Apr 10 13:59:39 2023][debug] OCS Agent initialised
[Mon Apr 10 13:59:39 2023][debug] Failed to load `/etc/ocsinventory-agent/modules.conf': 0
[Mon Apr 10 13:59:39 2023][debug] No modules will be used.
[Mon Apr 10 13:59:39 2023][debug] Compress::Zlib is not available! The data will be compressed with
        gzip instead but won't be accepted by server prior 1.02
[Mon Apr 10 13:59:39 2023][debug] checking XML
```

圖 6-13　ocsng.log

點選「電腦名稱」可以看到更詳細的資訊。

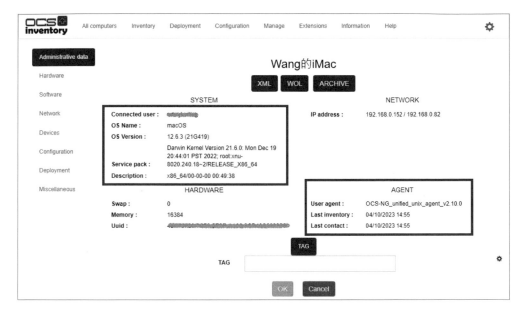

圖 6-14　Administrative Data

點選「Hardware」會幫您列出所有硬體資訊。

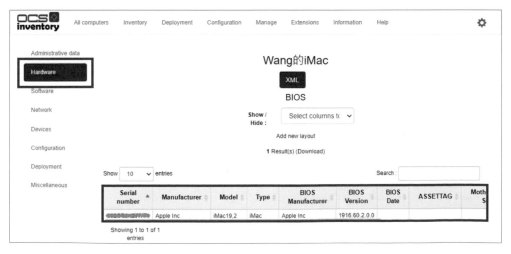

圖 6-15　Hardware

點選「Software」會幫您列出目前安裝的軟體。

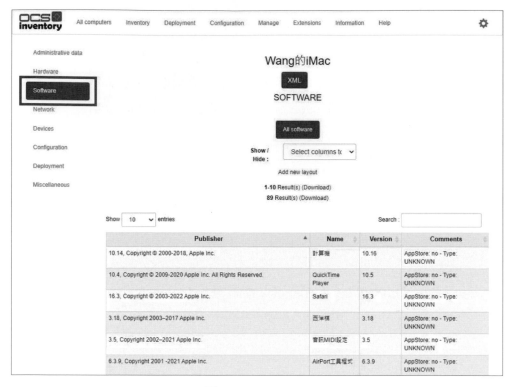

圖 6-16　Software

對於較舊的 MacOS，您必須使用較舊的代理版本。此外 OCS Inventory 不支援非 Apple 維護的 MacOS 版本。

參 考 資 料

1. https://wiki.ocsinventory-ng.org/03.Basic-documentation/Setting-up-the-MacOSX-agent-on-client-computers

6.3 ▸ 如何在 Android 安裝 OCS Inventory 代理程式

若是想蒐集 Andriod 的資產訊息，OCS Inventory 也是可以做到的，接下來教大家如何在 Andriod 安裝 OCS Inventory 代理程式。我們使用 Google Pixel 6a 作為演示的範例，目前 OCS Inventory 代理程式並不支援 iOS 版本。

≫ 安裝代理程式

請依照自己的版本下載 MacOS 的代理程式

Android Agent 2.7

https://pse.is/63as5w

執行 OCSNG-Android-Agent.2.7.apk，安裝完成後「開啟」OCS-NG Agent。

圖 6-17　OCSNG-Android-Agent.2.7.apk

應用程式控制「允許」，原則上都可以不用。

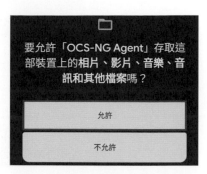

圖 6-18　OCSNG Android Agent

我們就會來到主畫面，點選「SHOW
INVENTORY」便可查看資產訊息。

圖 6-19　OCSNG Android Agent

代理程式顯示的資產訊息，如右
圖。

圖 6-20　Inventory

點選右上角的設定，選擇「Configuration」。

● 勾選 Automatic 進行自動盤點

● 根據自己的需求選擇 Depending on Network Status

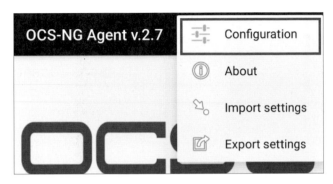

圖 6-21　Setting

不使用 HTTPS，填入 OCS Server 的 FQDN。

圖 6-22　Configuration

點選「SEND INVENTORY」便可將資產訊息上傳至 OCS Inventory 伺服器。

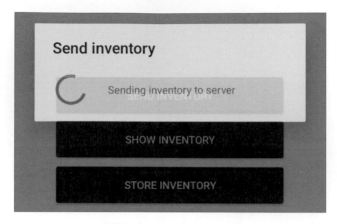

圖 6-23　Configuration

點選「手機名稱」進入，可以看到更詳細的資訊。

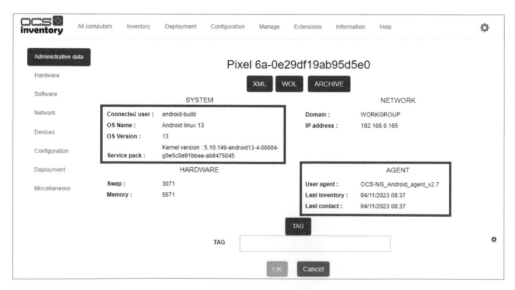

圖 6-24　Configuration

點選「Hardware」會幫您列出所有硬體資訊。

圖 6-25　Hardware

點選「Software」會幫您列出目前安裝的軟體。

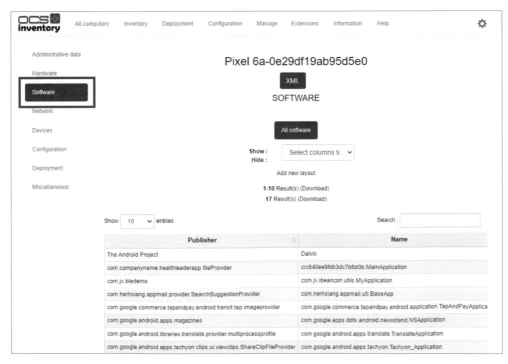

圖 6-26　Software

Note

進階功能設定

CHAPTER

7

7.1 ▶ 如何在 OCS Inventory 使用 IP Discovery 功能

如果遇到設備本身就不具備安裝代理程式的條件，例如儲存設備、印表機、交換器、路由器與 Wi-Fi 設備。但是又想知道哪些設備連接到企業的網路，可以使用 IP Discovery 功能進行清點或檢索在 IP 網段上應答的所有網絡連接設備。

≫ IP Discovery 工作原理

每當代理程式發送盤點結果時，OCS Inventory 伺服器將會決定是否需要掃描該子網中的主機，透過 Gateway IP 地址來生成企業網絡地圖。

如果需要掃描，OCS Inventory 伺服器會評估該主機質量並決定是否將主機遴選為 IP Discovery 計算機。

評估以下標準來遴選為 IP Discovery 計算機：

- **作業系統**：必須是 Windows XP 或 Windows 2000 以上或 Linux。

- **QUALITY**：此參數表示以天為單位的主機連接到服務器的平均值。

- 如果當前發送清單結果的計算機比此網段的另一台啟用 IPDISCOVER 的計算機質量更好時，則將其替換。

- **FIDELITY**：計算機連接到伺服器的總連接數，該數字必須至少為 3。

- **NETMASK**：子網路遮罩，它最多描述一個 Class B 網段。

- **LASTDATE**：IP Discovery 主機在 IPDISCOVER_MAX_ALIVE 定義的天數內沒有發送清單結果，它將被另一個新主機取代。

≫ 系統配置

到選單「Configuration」，點選「General Configuration」。

圖 7-1　OCS Inventory 儀表板

點選「IpDiscover」，將 IPDISCOVER 參數設置為 ON 來啟用該功能。

- **IPDISCOVER**：指定將為每個子網運行 IP Discovery 功能的代理數量。

- **IPDISCOVER_LATENCY**：指定每次 IP 地址掃描之間暫停幾毫秒。

- **IPDISCOVER_MAX_ALIVE**：指定的 IpDiscover 計算機如果該天數內沒有發送清單結果，將被另一台 IpDiscover 計算機取代。

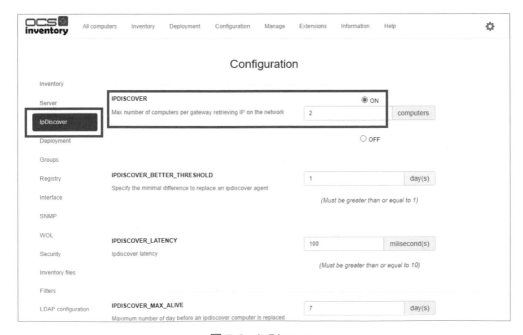

圖 7-2　IpDiscover

目前 IP Discovery 的 Automatic Election 是有問題的，不過該 BUG 已經被開發人員修正了，但官方的安裝檔案似乎還沒有更新。

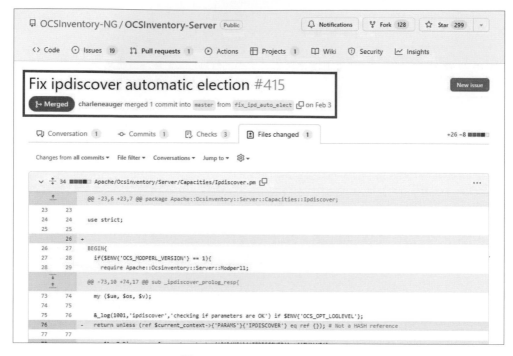

圖 7-3　Automatic Election

想要修正的朋友請先備份目前的資料庫，下載最新的 Ipdiscover.pm 檔案覆蓋掉安裝檔的檔案並重新安裝，再把資料庫還原即可。

需要覆蓋的檔案路徑如下

```
~/OCSNG_UNIX_SERVER-2.11.1/Apache/Ocsinventory/Server/Capacities/Ipdiscover.pm
```

≫ 強制指定 IP Discovery 計算機

由於我們只是要展示一下功能，所以我打算強制指定 IP Discovery 計算機。挑選一台你覺得最靠譜的計算機，到選單「Configuration」點選「Edit」。

圖 7-4 Automatic Election

切換到「Network Scans」頁面，在「IPDISCOVER」選擇想要掃描的網段。

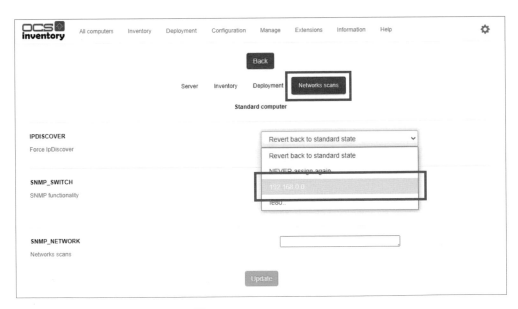

圖 7-5 Network Scans

我們選擇掃描 192.168.0.0 網段。

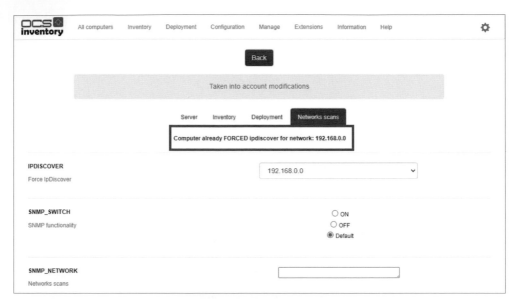

圖 7-6　Network Scans

等該計算機的代理程式回報盤點結果時，就會順便進行 IP Discovery。

>> 掃描結果

到選單「Inventory」，點選「IpDiscover」。

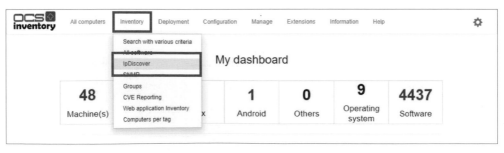

圖 7-7　OCS Inventory 儀表板

可以在「Show All Subnets」看到掃描的結果。

- **Inventoried**：已盤點的計算機

- **Non- inventoried**：尚未盤點與識別的計算機

- **IpDiscover**：被選為 IP Discovery 的計算機

圖 7-8　Show All Subnets

我們的 Network 描述是 Unknown 有點難以辨識。可以到選單「Manage」，點選「Network Scan」。

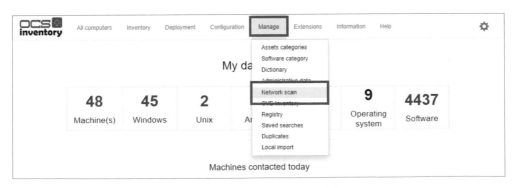

圖 7-9　OCS Inventory 儀表板

在「Administer Subnet」頁面，點選「Add」。

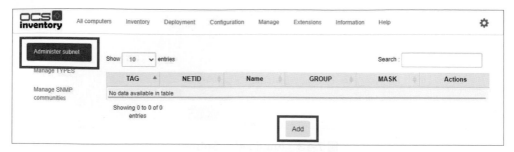

圖 7-10　Administer Subnet

先建立子網段的識別 ID。

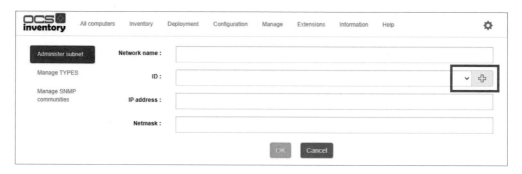

圖 7-11　Administer Subnet

填入 Serverfarm，點選「OK」。

圖 7-12　Administer Subnet

再回來填寫子網段的描述，點選「OK」。

圖 7-13　Administer Subnet

新增成功畫面如下

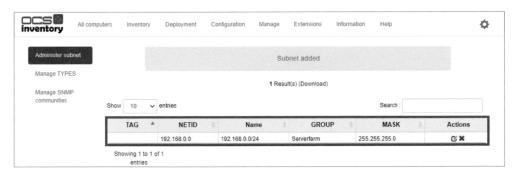

圖 7-14　Administer Subnet

回到 IpDiscover 頁面，已經從 Unknown 變成 Serverfarm 了。

圖 7-15　Serverfarm

點選「Non-inventoried」，便會列出未盤點的計算機。

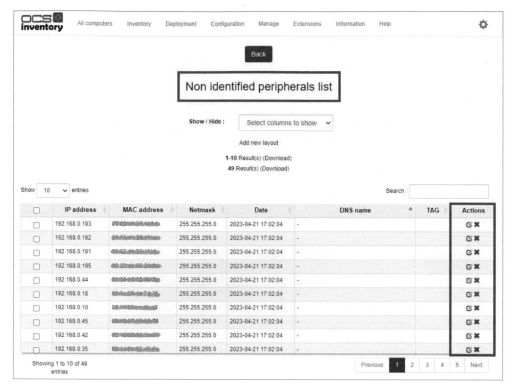

圖 7-16　Non-inventoried

由於我們知道 192.168.0.200 是多功能事務機，可以點擊「Action」。

填寫描述與類型，點選「OK」。

圖 7-17　Edit Non-inventoried

類型屬於必填，需要事先建立好。可以到選單「Manage」，點選「Network Scan」。

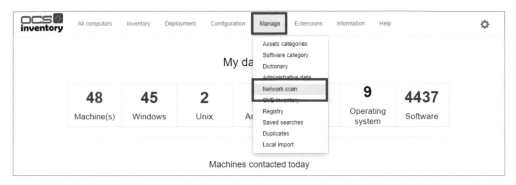

圖 7-18　OCS Inventory 儀表板

在「Manage TYPES」，點選「Add」。

圖 7-19　Manage TYPES

填寫類型名稱，點選「OK」。

圖 7-20　Manage TYPES

常見的類型如下，供大家參考。

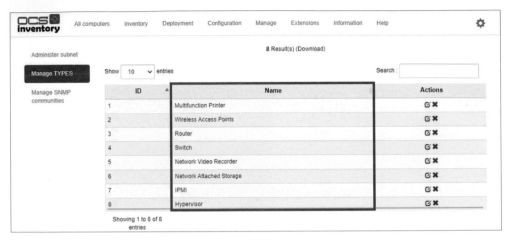

圖 7-21　Manage TYPES

原本無法安裝代理程式的未盤點設備，使用這樣的方式識別成合法的裝置。透過不斷的分類已知的連網設備，便可降低 Non-inventoried 的數量。

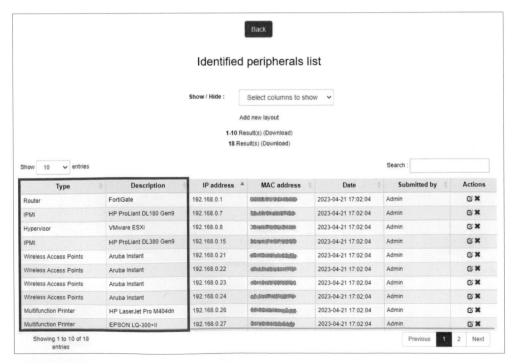

圖 7-22　Inventoried

我們只需要把注意力集中在 Non-inventoried 到底還有那些設備是未經過辨識連上企業網路的。

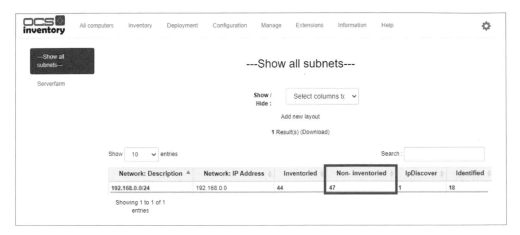

圖 7-23 Show All Subnets

參 考 資 料

1. https://wiki.ocsinventory-ng.org/06.Network-Discovery-with-OCS-Inventory-NG/Using-IP-discovery-feature

2. https://github.com/OCSInventory-NG/OCSInventory-Server/issues/356

3. https://github.com/OCSInventory-NG/OCSInventory-Server/pull/415

4. https://wiki.ocsinventory-ng.org/03.Basic-documentation/Administration-of-OCS-Inventory-NG

7.2 ► 如何在 OCS Inventory 使用 SNMP Scan 功能

上一節我們提到如何使用 IP Discovery 功能進行清點或檢索在 IP 網段上應答的網路連接設備，透過不斷 TAG 的方式來分類已識別的合法裝置。但是 IP Discovery 僅提供 IP Address、MAC Address 與 DNS Name 的訊息，管理人員很難透過以上資訊識別該裝置屬於哪種類型的設備。因此 SNMP 掃描的主要目標就是增強 Ipdiscover 收集的資訊，使用 SNMP 掃描，我們將能夠獲得更多網絡設備的詳細資訊。

➤➤ 系統配置

到選單「Configuration」，點選「General Configuration」。

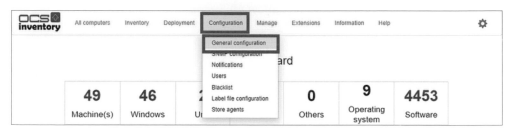

圖 7-24　OCS Inventory 儀表板

點選「SNMP」頁籤。

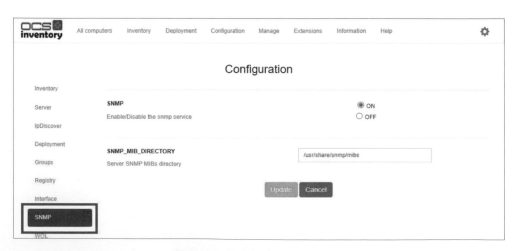

圖 7-25　SNMP Configuration

可配置選項

- **SNMP**：此選項為 OFF，則任何代理程式都不會進行 SNMP 掃描。

- **SNMP_MIB_DIRECTORY**：設置 OCS Inventory 伺服器 MIBs 資料夾路徑。

若沒有 /usr/share/snmp/mibs 路徑，可以透過下列指令安裝 SNMP 套件。

```
sudo apt-get install snmp
```

>> 設定 SNMP 社群

要能夠掃描 SNMP 設備，您必須使用 SNMP 社群。SNMP 社群可以看作是允許掃描 SNMP 設備的認證訊息。

到選單「Manage」，點選「Network Scan」。

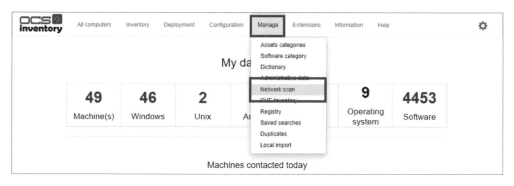

圖 7-26　OCS Inventory 儀表板

點選「Manage SNMP Communities」頁面。

圖 7-27　**Manage SNMP Communities**

SNMPv2 配置參數：

- **SNMP 版本**：它是 SNMP 設備支持的 SNMP 版本。

- **SNMP 社群名稱**：對於許多 SNMP 設備，預設的 SNMP 為 public。

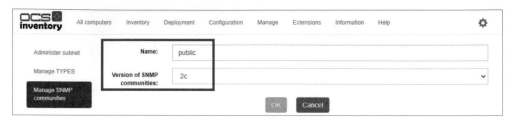

圖 7-28　Manage SNMPv2 Communities

SNMPv3 配置參數：

- **Username**：使用者帳號

- **Level**：安全級別（noAuthNoPriv、authNoPriv、authPriv）

- **Authpasswd**：身份驗證密碼

- **Authproto**：身份驗證協議（MD5、SHA）

- **Privpasswd**：隱私協議密碼

- **Privproto**：隱私協議（DES、AES）

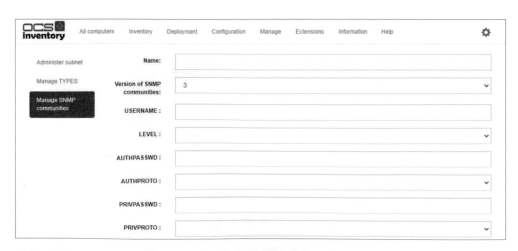

圖 7-29　Manage SNMPv3 Communities

若您有配置 SNMPv3，記得安裝以下套件。

```
# Required libraries on Unix Agent to use SNMPv3
sudo apt-get install libdigest-hmac-perl
# DES Privacy protocol
sudo apt-get install libcrypt-des-perl
# AES Privacy protocol
sudo apt-get install libcrypt-rijndael-perl
```

≫ 設定 SNMP 資料模型

SNMP 類型將用於識別特定設備並將此設備鏈接到資料模型，如果沒有數據模型配置，則 SNMP 掃描功能將無法使用。

到選單「Configuration，點選「SNMP Configuration」。

圖 7-30　OCS Inventory 儀表板

點選「Type Conditions」頁面，預設已經有建立一組 Default 類型。

圖 7-31　Type Conditions

點選「Type Configuration」頁面，當 OCS Inventory 代理將掃描網絡時，它將使用此類型配置來確定相應的數據模型以及掃描期間要使用的 OID。

圖 7-32　Type Configuration

Default 類型已經有維護一些常見的 SNMP OID，對我們來說已經夠用了，若有需要請自行添加或刪除。

　OID 1.3.6.1.2.1.1 system reference info
https://pse.is/63b5jw

≫ 選擇能夠進行 SNMP 掃描的計算機

為了使代理程式能夠使用 SNMP 掃描其網絡，無需等待 Ipdiscover 自動選擇，我打算強制指定 IP Discovery 計算機。

挑選一台你覺得最穩定的計算機，到「Configuration」點選「Edit」。

圖 7-33 Configuration

切換到「Network Scans」頁面，記得保存您的修改。

- **IPDISCOVER**：下拉清單選擇想要掃描的網段。

- **SNMP_SWITCH**：啟用或禁用計算機進行 SNMP 掃描。

- **SNMP_NETWORK**：指定掃描網段的 CIDR，例如 192.168.1.0/24, 192.168.2.0/24。若未指定，則會使用 IPDISCOVER的設定。

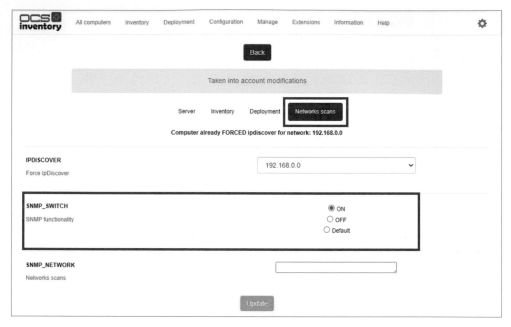

圖 7-34　Network Scans

» 配置 Unix 代理程式

經我測試使用 APT 安裝的代理程式會發生無法載入 modules.conf 的問題，進而無法使用 SNMP 掃描功能，建議使用 Source 來安裝代理程式。

代理程式的組態設定如下

```
sudo cat /etc/ocsinventory/ocsinventory-agent.cfg
```

注意必須使用 https 才能使用 SNMP 掃描功能。

```
debug=1
server=https://your_ocs_inventory_fqdn/ocsinventory
snmptimeout=3
basevardir=/var/lib/ocsinventory-agent
nosoftware=0
logfile=/var/log/ocsinventory-agent.log
snmpretry=2
ca=/etc/ocsinventory/cacert.pem
snmp=1
```

接下來我們手動執行代理程式，使其執行 SNMP 掃描。

```
sudo ocsinventory-agent
```

查看代理程式日誌

```
cat /var/log/ocsinventory-agent.log
```

可以看到掃描了三個設備以及與 SNMP 資料模型配置相關的 OID 數據。

```
[Wed Apr 26 16:07:24 2023][debug] [snmpscan] Snmp: Ending Scanning network
[Wed Apr 26 16:17:18 2023][debug] [snmpscan] Scanning 192.168.0.10 device
[Wed Apr 26 16:23:38 2023][debug] [snmpscan] Scanning 192.168.0.200 device
[Wed Apr 26 16:29:02 2023][debug] [snmpscan] Scanning 192.168.0.8 device
...
[Wed Apr 26 17:05:06 2023][info] [snmpscan] No more SNMP device to scan
[Wed Apr 26 17:05:06 2023][debug] checking XML
[Wed Apr 26 17:05:06 2023][debug] sending XML
[Wed Apr 26 17:05:06 2023][debug] sending: <?xml version="1.0"
encoding="UTF-8"?>
<REQUEST>
  <CONTENT>
    <snmp_default>
      <DefaultAddressIP>127.0.0.1 - 192.168.0.10 - 169.254.122.210 -
192.168.1.48</DefaultAddressIP>
      <DefaultDescription>Linux DS1618 4.4.180+ #42962 SMP Tue Oct 18
15:02:07 CST 2022 x86_64</DefaultDescription>
      <DefaultGateway>255.255.0.0 - 255.255.255.0 - 255.255.255.0 -
255.0.0.0</DefaultGateway>
      <DefaultLocation>Unknown</DefaultLocation>
      <DefaultName>DS1618</DefaultName>
      <DefaultUptime>84 days, 17:16:37.88</DefaultUptime>
    </snmp_default>
    <snmp_default>
      <DefaultAddressIP>192.168.0.200 - 127.0.0.1</DefaultAddressIP>
      <DefaultDescription>SHARP MX-2651</DefaultDescription>
      <DefaultGateway>255.0.0.0 - 255.255.255.0</DefaultGateway>
      <DefaultLocation></DefaultLocation>
      <DefaultName>75:AB:7E</DefaultName>
      <DefaultUptime>8 days, 04:56:29.74</DefaultUptime>
    </snmp_default>
    <snmp_default>
```

```
    <DefaultAddressIP></DefaultAddressIP>
    <DefaultDescription>VMware ESXi 5.5.0 build-3116895 VMware, Inc.
x86_64</DefaultDescription>
    <DefaultGateway></DefaultGateway>
    <DefaultLocation></DefaultLocation>
    <DefaultName>localhost</DefaultName>
    <DefaultUptime>226 days, 07:24:35.00</DefaultUptime>
  </snmp_default>
  .....
 </CONTENT>
 <DEVICEID>grafana-2023-04-26-14-53-01</DEVICEID>
 <QUERY>SNMP</QUERY>
</REQUEST>
[Wed Apr 26 17:05:06 2023][debug] [snmpscan] End snmp_end_handler :)
[Wed Apr 26 17:05:06 2023][debug] [download] Calling download_end_handler
[Wed Apr 26 17:05:06 2023][info] [download] Beginning work. I am 1993.
[Wed Apr 26 17:05:06 2023][info] [download] No more package to download.
[Wed Apr 26 17:05:06 2023][debug] [download] End of work...
```

根據我的經驗，執行一段 Class C 的 SNMP 掃描大概需要花一小時，若想要縮短時間可以嘗試修改 snmptimeout 與 snmpretry 參數。

```
cat /etc/cron.d/ocsinventory-agent
PATH=/usr/local/sbin:/usr/local/bin:/usr/sbin:/usr/bin:/sbin:/bin:/snap/bin
00 8 * * * root /usr/local/bin/ocsinventory-agent --lazy > /dev/null 2>&1
```

設定排程的執行週期必須大於 SNMP 的掃描時間，不然就會造成 SNMP 的掃描還沒執行完，就被下一次的排程給中斷，變成掃描結果永遠無法回傳到 OCS Inventory 伺服器。

≫ SNMP Inventory

到選單「Inventory」，點選「SNMP」。

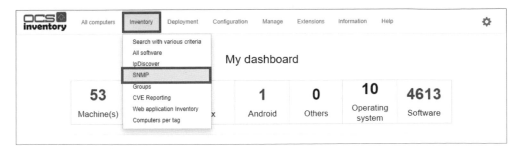

圖 7-35　OCS Inventory 儀表板

SNMP 掃描在 192.168.0.0/24 找到 16 個網路連接設備。

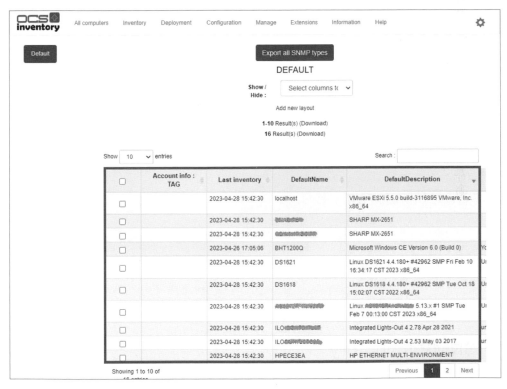

圖 7-36　SNMP

若 Export All SNMP Types 出現中文亂碼的問題，主要是 csv 匯出程式的問題。

```
cd /usr/share/ocsinventory-reports/ocsreports/plugins/main_sections/ms_export
sudo vi ms_csv_snmp.php
```

找到 Generate output page 程式碼區段，在 121 行的地方插入下段程式碼。

```
01.  // Generate output page
02.  if ($toBeWritten != "" || (isset($Directory) && file_exists($Directory
     . $protectedGet['log'])) ) {
03.      ...
04.      if ($toBeWritten != "") {
05.          // Generate output page for DB data export
06.          $toBeWritten = mb_convert_encoding($toBeWritten , "Big5" ,
         "UTF-8");
07.          header("Content-Disposition: attachment; filename=\"export.
     csv\"");
08.          header("Content-Length: " . strlen($toBeWritten));
09.          echo $toBeWritten;
10.      } else {
11.          ...
12.  }
```

不需要重啟伺服器，重新下載一次即可正常顯示中文了。

參 | 考 | 資 | 料

1. https://wiki.ocsinventory-ng.org/06.Network-Discovery-with-OCS-Inventory-NG/Using-SNMP-scan-feature

2. https://wiki.ocsinventory-ng.org/06.Network-Discovery-with-OCS-Inventory-NG/Managing-and-using-SNMP-feature

3. https://wiki.ocsinventory-ng.org/03.Basic-documentation/Setting-up-the-UNIX-agent-manually-on-client-computers

4. https://ask.ocsinventory-ng.org/4850/snmp-not-devices-scans

7.3 ▶ 如何在 OCS Inventory 使用郵件通知功能

OCS Inventory 2.5 版中以後添加了郵件通知功能，此功能允許您配置和自定義您的報告通知，接下來的配置我們會需要使用 SMTP 服務來發送郵件。

若您沒有 SMTP 伺服器的話，也可以參考下面的文章。

如何在 Azure 設定 SendGrid SMTP 發信
https://pse.is/63b7nl

到選單「Configuration」，點選「Notifications」。

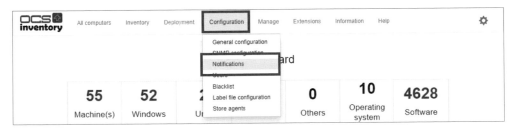

圖 7-37 OCS Inventory 儀表板

點選「Configuration」頁面

- **NOTIF_FOLLOW**：啟用或關閉郵件通知

- **NOTIF_MAIL_ADMIN**：設置管理員的郵件地址

- **NOTIF_NAME_ADMIN**：設置管理員的郵件名稱

- **NOTIF_SEND_MODE**：發送模式（SMTP、SMTP+SSL、SMTP+TLS）

- **NOTIF_SMTP_HOST**：SMTP 主機，例如 smtp.sendgrid.net

- **NOTIF_PORT_SMTP**：SMTP 埠號，例如 465

- **NOTIF_USER_SMTP**：SMTP 使用者名稱，例如 apikey

- **NOTIF_PASSWD_SMTP**：密碼

- **NOTIF_PROG_TIME**：接收時間

- **NOTIF_PROG_DAY**：接收日期

圖 7-38　Configuration

設定您的 SMTP 伺服器或者 SendGrid 的相關資訊。

NOTIF_SMTP_HOST Host SMTP	smtp.sendgrid.net
NOTIF_PORT_SMTP Port	465
NOTIF_USER_SMTP SMTP identifier	apikey (Optional)
NOTIF_PASSWD_SMTP SMTP password	••• (Optional)
NOTIF_PROG_TIME	上午 09:00　　　　　⏲

圖 7-39　Configuration

點選「Customize Template」頁面，預設使用 OCS 清單模板。

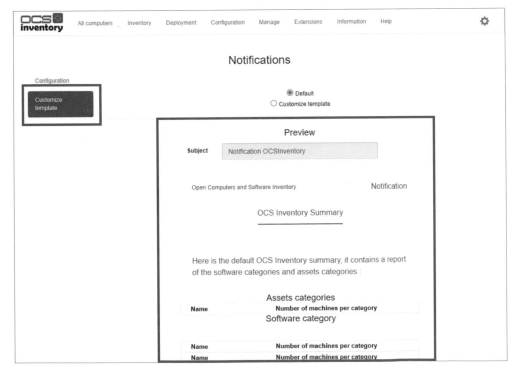

圖 7-40　Default Template

通知報告目前只提供 Asset Category 與 Software Category 兩種，因為我們還沒維護這兩個 Category，所以 Preview 目前看不到任何資料。

» Asset Category

到選單「Inventory」，點選「Search with Various Criteria」。

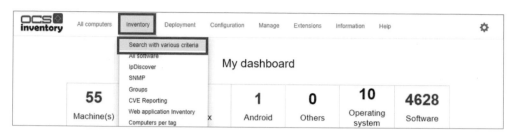

圖 7-41　OCS Inventory 儀表板

我們挑選「BIOS: Type」等於 Desktop 為條件進行搜尋。

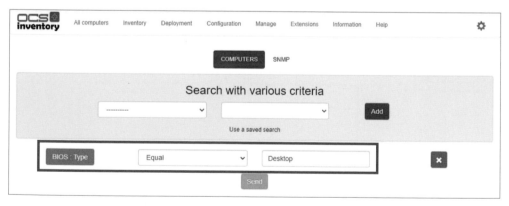

圖 7-42　Search with Various Criteria

勾選搜尋出來的計算機，點選下方的「Assets Categorization」。

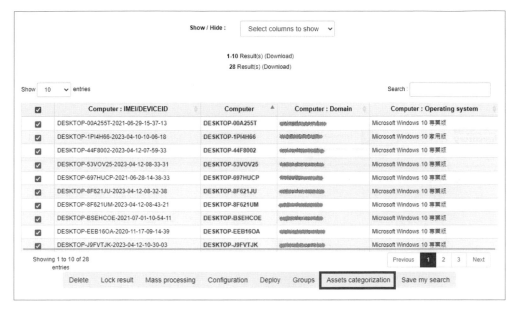

圖 7-43　Search with Various Criteria

輸入資產類別名稱，例如 Desktop。

圖 7-44　Search with Various Criteria

≫ Software Category

到選單「Manage」點選「Software Category」。

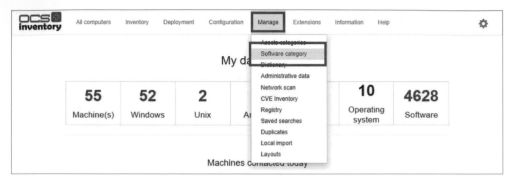

圖 7-45　OCS Inventory 儀表板

點選「New Category」新增一筆類別，例如 Microsoft Office。

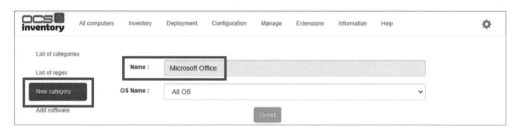

圖 7-46　New Category

點選「Add Software」新增一筆軟體 Regex，例如 Microsoft Office*。

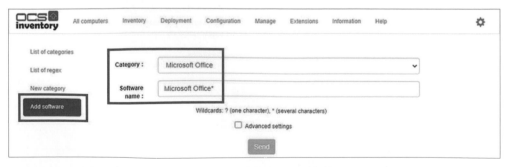

圖 7-47　OCS Inventory 儀表板

到選單「Inventory」點選「All Software」，就可以看到 Microsoft Office 目錄。

圖 7-48　Microsoft Office

≫ Customize Template

此時可以看到 Preview 已經有資料跑出來，不過預設的模板似乎有問題。

圖 7-49　Default Template

我們可以使用自定義模板上傳 html 文件。

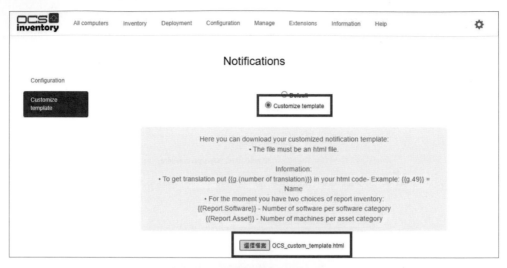

圖 7-50　Customize Template

自定義模板可以參考下列連結

OCS_Custom_Template.html

https://pse.is/63d7cl

上傳時若提示沒有權限的話，透過下列指令調整權限。

```
sudo chown www-data:www-data -R /usr/share/ocsinventory-reports/ocsreports/
templates
```

Preview 的畫面如下

圖 7-51　Customize Template

接下來我們來手動測試郵件通知，將 NOTIF_PROG_TIME 調整到最近的時間點。

圖 7-52　Configuration

執行下列指令

```
cd /usr/share/ocsinventory-reports/ocsreports/tools
php cron_mailer.php
```

可以成功收到郵件了。

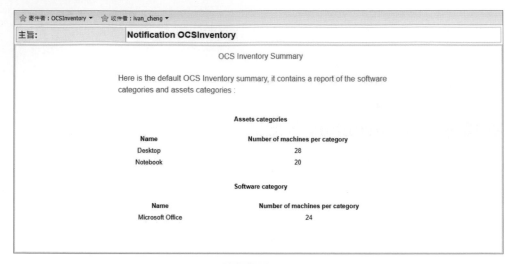

圖 7-53　Notification OCS Inventory

配置 CronTab

手動測試郵件通知沒問題，程式就可以加入排程工作了。

```
sudo crontab -e
```

建議設置頻率為每分鐘

```
*  *  * * * cd /usr/share/ocsinventory-reports/ocsreports/tools/ && php
cron_mailer.php
```

參 考 資 料

1. https://wiki.ocsinventory-ng.org/04.Management-console-and-its-advanced-features/Configure-mail-notification

2. https://ask.ocsinventory-ng.org/9931/how-to-use-the-new-notification-feature

7.4 ► 如何備份與保護您的 OCS Inventory 伺服器

資料的安全永遠是企業核心服務中最重要的一步,卻也是最常被忽略的部分。
你也不希望前面辛苦做的設定,哪天因為自己一個手殘就化為烏有了。想作任
何異動前,請先考慮備份。

≫ 備份 OCS Inventory 伺服器

建立一個文件夾來存儲所有備份文件

```
mkdir ~/backup_ocs
```

備份組態檔案

```
cp /etc/apache2/conf-available/z-ocsinventory-server.conf ~/backup_ocs
cp /etc/apache2/conf-available/zz-ocsinventory-restapi.conf ~/backup_ocs
cp /etc/apache2/conf-available/ocsinventory-reports.conf ~/backup_ocs
cp /usr/share/ocsinventory-reports/ocsreports/dbconfig.inc.php ~/backup_ocs
```

備份資料庫,請照需求自行設定排程備份。

```
mysqldump -u ocs -p'your_password' --all-databases > ~/backup_ocs/
ocsdbbackup.sql
```

備份憑證與私鑰

```
sudo cp /etc/ssl/private/server.key ~/backup_ocs
cp /etc/ssl/certs/server.pem ~/backup_ocs
# 記得也要備份憑證簽署要求 CSR
cp server.csr ~backup_ocs
```

> **實戰經驗**
>
> 萬一發生不可預期的災難，您需要重建 OCS Invertory 伺服器時，若缺少憑證與私鑰，則所有的代理程式必須要從新部署才能運作，所以憑證與私鑰的備份工作跟備份資料庫一樣重要。

» 保護 OCS Inventory 伺服器

刪除 ocsreports 目錄中的 install.php

```
sudo rm /usr/share/ocsinventory-reports/ocsreports/install.php
```

» 保護您的管理控制台

預設情況下，安裝腳本會建立一個 admin 帳號，我們建議您至少更改密碼。您也可以使用超級管理員建立自己的帳戶，然後刪除預設帳號。

» 安全的 MySQL 存取

預設情況下，安裝腳本會建立一個 ocs 的帳號，我們建議您至少更改密碼，但更好的辦法是建立一個新的 MySQL 帳號。

```
GRANT ALL PRIVILEGES ON ocsweb.* TO 'your_account'@'localhost' IDENTIFIED
BY 'your_password' WITH GRANT OPTION;
```

修改 dbconfig.inc.php 配置文件

```
sudo vi /usr/share/ocsinventory-reports/ocsreports/dbconfig.inc.php
<?php
define("COMPTE_BASE","your_account");
define("PSWD_BASE","your_password");
?>
```

修改 z-ocsinventory-server.conf 配置文件

```
sudo vi /etc/apache2/conf-available/z-ocsinventory-server.conf
  # User allowed to connect to database
  PerlSetEnv OCS_DB_USER your_account
  # Password for user
  PerlSetVar OCS_DB_PWD your_password
```

記得重啟 Apache 服務

```
sudo service apache2 restart
```

≫ 設置 Anti-SPAM 系統

例如 Fail2Ban 是保護 Linux 伺服器免受自動攻擊的最佳軟體,它提供許多可自定義的規則來禁止試圖暴力破壞或測試密碼,有助於減少自動攻擊的影響。

透過下列指令進行安裝

```
sudo apt install fail2ban -y
```

建議您新增一個 Local 文件,複製 fail2ban.conf 並重新命名為 fail2ban.local 以覆蓋預設配置。

```
sudo cp /etc/fail2ban/jail.conf /etc/fail2ban/jail.local
```

Fail2Ban 已經幫我們新增許多預設的規則,例如 SSH 與 Apache 服務。

```
[ssh-ddos]
Enabled      = false
port         = ssh
filter       = sshd-ddos
logpath      = /var/log/auth.log
maxretry     = 6
[apache]
Enabled      = false
port         = http,https
```

```
filter          = apache-auth
logpath         = /var/log/apache*/*error.log
maxretry        = 6
```

記得重啟 Fail2ban 服務

```
sudo service fail2ban restart
```

≫ 在管理控制台中停用警告消息

您可以在 GUI 中停用警告消息，來避免洩漏重要資訊。

到選單「Configuration」，點選「Users」。

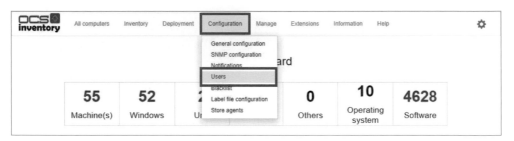

圖 7-54　OCS Inventory 儀表板

點選「Profiles」頁面，選擇您想要調整的 Profile。

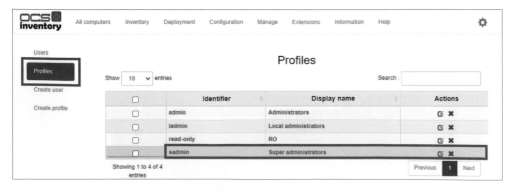

圖 7-55　Profile

將「See warning messages of the GUI」設置為「NO」。

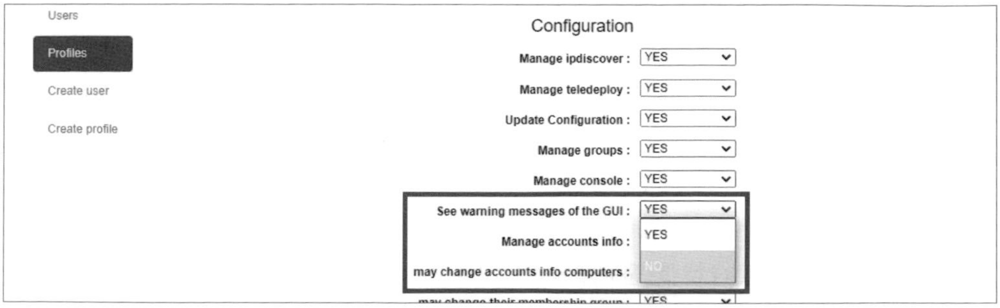

圖 7-56　**Super Administrators Profile**

≫ Apache 和 PHP 訊息洩露

訊息洩露可能會帶來嚴重的安全風險,當攻擊者知道目標網站使用的具體 Apache 或 PHP 版本時,他們可以使用針對這些版本的專門工具和技術來發動攻擊,或是存在已知的漏洞,攻擊者可以利用這些漏洞來執行代碼、獲取未授權訪問,當我們的 OCS Inventory 暴露在公開網路就要想辦法減少被攻擊的機會。

隱藏 Apache 版本

```
sudo vi /etc/apache2/conf-enabled/security.conf
# ServerTokens
# Set to one of:  Full | OS | Minimal | Minor | Major | Prod
# where Full conveys the most information, and Prod the least.
ServerTokens Prod
# Optionally add a line containing the server version and virtual host
# name to server-generated pages (internal error documents, FTP directory
# listings, mod_status and mod_info output etc., but not CGI generated
# documents or custom error documents).
# Set to "EMail" to also include a mailto: link to the ServerAdmin.
# Set to one of:  On | Off | EMail
ServerSignature Off
```

隱藏 PHP 版本

```
sudo vi /etc/php/7.4/apache2/php.ini
;;;;;;;;;;;;;;;;;
; Miscellaneous ;
;;;;;;;;;;;;;;;;;
expose_php = Off
```

記得重啟 Apache 服務

```
sudo service apache2 restart
```

» 鐵人賽總結

以上就是本次 2023 鐵人賽想與大家分享的所有內容，希望能夠幫助企業 IT 管理者深入了解 OCS Inventory 並充分運用它來提升 IT 管理效率和資產安全性。

若有跟著實作的朋友您擁有以下技能：

- 盤點伺服器與使用者設備的硬體規格及安裝了哪些軟體

- 取得最新的 CVE 漏洞資料庫與現行已安裝的軟體進行比對

- 透過 Grafana 客製化自己的 CVE Reporting

- 透過 Zabbix 監控 CVE 的數量並即時告警

- 封裝與透過 GPO 軟體派送大量部署代理程式

- 將已部署的代理程式進行版本升級或降級

- 使用代理程式遠端部署或移除相關應用程式

- 使用代理程式遠端執行 PowerShell 與 Windows 執行檔

- 使用代理程式遠端部署檔案或資料夾

- 安裝外掛程式來取得 Office 授權金鑰確認是否有人私自使用盜版的金鑰

- 使用 IP Discovery 來檢索所有的連網設備與生成企業網絡地圖

- 使用 SNMP Scan 來增強 IP Discovery 獲得更多的識別資訊

若 OCS Inventory 有發布新的功能，我也會持續更新在個人的 Medium 文章，下次再跟大家分享如何透過開源的 ITSM 建置組態管理資料庫 CMDB 並與 OCS Inventory 進行資訊資產的同步與整合，謝謝大家的收看。

Medium List - OCS Inventory

https://pse.is/63da45

Note

博碩文化

博碩文化